害虫

1 桃潜叶蛾

桃潜叶蛾成虫

桃潜叶蛾老熟幼虫在叶背吐丝结茧化蛹

桃潜叶蛾危害状

2 苹小卷叶蛾

苹小卷叶蛾成虫

苹小卷叶蛾幼虫

苹小卷叶蛾幼虫危害状

苹小卷叶蛾越冬幼虫

3 梨小食心虫

梨小食心虫成虫

梨小食心虫危害桃梢状

在桃梢内危害的梨小食心虫幼虫

4 桃蛀螟

桃蛀螟成虫

桃蛀螟幼虫

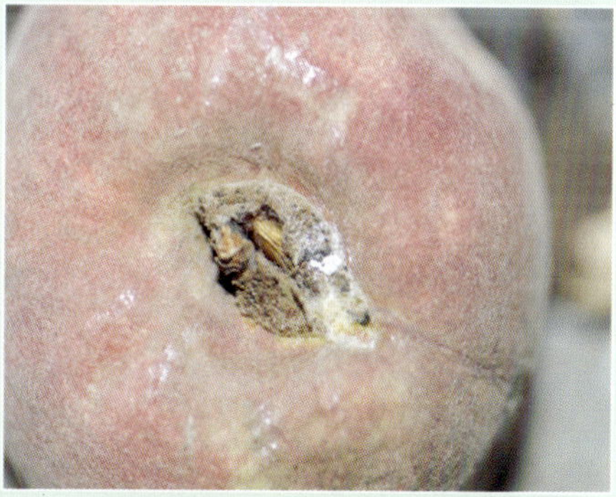

桃蛀螟幼虫在梗洼处化蛹

5 蚜虫类

桃蚜

桃蚜危害新梢叶片状

叶片上桃蚜成虫、若虫

桃粉蚜

桃粉蚜危害叶片状

叶背上桃粉蚜成虫、若虫

桃瘤蚜

桃瘤蚜危害状

桃瘤蚜在卷叶内危害

6 叶螨类

苹果全爪螨

苹果全爪螨成螨

苹果全爪螨越冬卵

山楂叶螨

山楂叶螨成螨（放大）

山楂叶螨成螨及卵

7 扁平蚧

扁平蚧雌成虫

扁平蚧越冬若虫

扁平蚧若虫在
芽腋内危害

8 桑白蚧

枝条上桑白蚧

介壳下桑白蚧成虫

桃树枝条上桑白蚧

9 桃球坚蚧

桃球坚蚧若虫在芽腋处危害

在桃枝条上危害的桃球坚蚧成虫

10 康氏粉蚧

康氏粉蚧卵囊

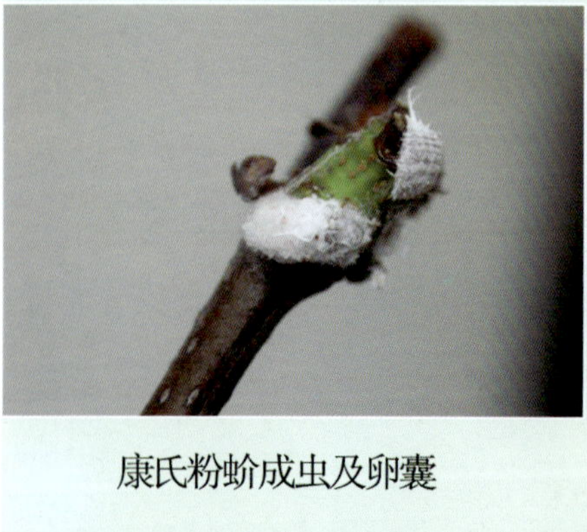

康氏粉蚧成虫及卵囊

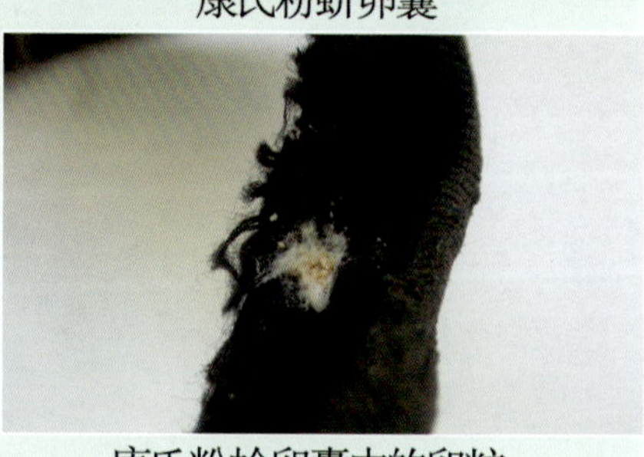

康氏粉蚧卵囊中的卵粒

11 桃小蠹虫

桃小蠹虫成虫及蛀孔

桃小蠹虫危害后枝条流胶状

桃小蠹虫在蛀孔内危害

12 桃跗线螨

桃跗线螨危害桃果实

13 桃下毛瘿螨

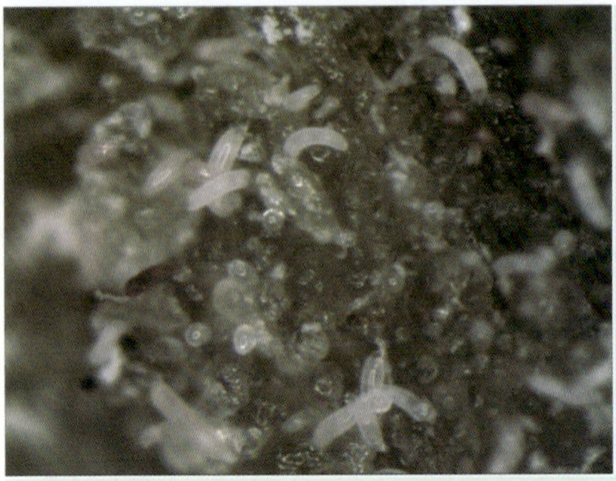

桃下毛瘿螨成若螨（放大）

桃下毛瘿螨危害芽（冬季）

桃下毛瘿螨危害芽

14 茶翅蝽

茶翅蝽成虫

茶翅蝽初孵若虫

15 桃红颈天牛

桃红颈天牛成虫

桃红颈天牛交尾状

桃树受红颈天牛危害状

16 桃一点叶蝉

叶片受桃一点叶蝉危害状

桃一点叶蝉成虫

17 大青叶蝉

大青叶蝉成虫

大青叶蝉在枝上产卵状

受害枝内大青叶蝉卵粒

18 小青花金龟

小青花金龟在花上危害

19 苹毛金龟

苹毛金龟危害桃花

20 黑绒金龟

黑绒金龟成虫

21 白星金龟

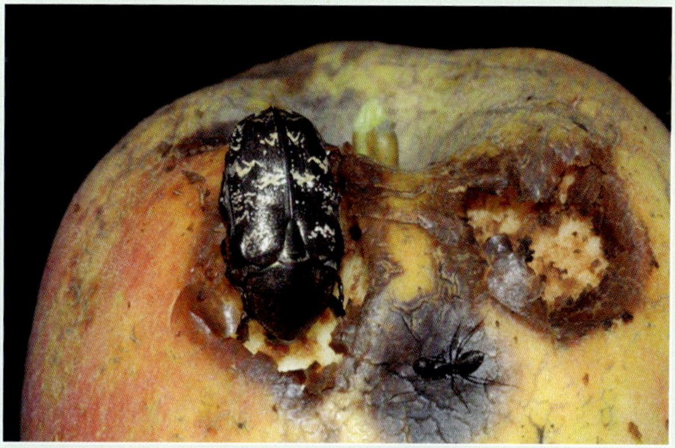

白星金龟成虫
危害果实

病害

1 腐烂病

腐烂病菌橘黄色孢子角

3 根癌病

根茎部受害后
出现根瘤

须根受害后出现根瘤

4 冠腐病

冠腐病根茎部危害状

冠腐病树干危害状

5 桃褐腐病

生长中的果实受害后果面出现褐腐病菌分生孢子座

受褐腐病菌危害后的落地果

桃果实受害果表面出现褐腐病分生孢子座

6 桃根霉软腐病

桃果实受害后果面出现根霉菌丛

7 细菌性黑斑病

桃果实细菌性黑斑病危害状

8 桃疮痂病

桃疮痂病危害果实状

9 炭疽病

桃炭疽病病果

10 细菌性穿孔病

细菌性穿孔病危害叶片状

桃经济栽培十讲

张文忠　王　合　编著

中国农业大学出版社
·北京·

内 容 简 介

本书共分为十讲，前八讲是通过介绍资源的协调利用、适宜环境的选择与改善、按规律办事、适宜的规划设计、与市场对接选择适宜的优新技术，达到降低成本、提高品质，实现丰富市场、富裕农民的目的；第九讲是通过自己动手，为提高品质、进一步降低成本，获得优质廉价的生产资料；第十讲是为了统一说法，对名词术语进行解释，以便于准确交流学习。

图书在版编目(CIP)数据

桃经济栽培十讲/张文忠，王合编著. —北京：中国农业大学出版社，2010.11

ISBN 978-7-5655-0154-8

Ⅰ.①桃…　Ⅱ.①张…②王…　Ⅲ.①桃-果树园艺
Ⅳ.①S662.1

中国版本图书馆 CIP 数据核字(2010)第 228430 号

书　　名　桃经济栽培十讲

作　　者　张文忠　王　合　编著

策划编辑	汪春林　赵　中	责任编辑	韩元凤
封面设计	郑　川	责任校对	王晓凤　陈　莹
出版发行	中国农业大学出版社		
社　　址	北京市海淀区圆明园西路 2 号	邮政编码	100193
电　　话	发行部 010-62731190，2620	读者服务部	010-62732336
	编辑部 010-62732617，2618	出　版　部	010-62733440
网　　址	http://www.cau.edu.cn/caup	e-mail	cbsszs@cau.edu.cn
经　　销	新华书店		
印　　刷	北京鑫丰华彩印有限公司		
版　　次	2011 年 3 月第 1 版　　2011 年 3 月第 1 次印刷		
规　　格	850×1 168　32 开本　3.25 印张　80 千字　彩插 8		
定　　价	10.00 元		

图书如有质量问题本社发行部负责调换

前　言

随着我国农村产业结构的不断调整，桃树栽培已经成为丰富市场、致富农民的重要途径，北京的平谷、山东的蒙阴、河北的顺平、江苏的无锡、成都的龙泉驿等地的桃产业，都已成为当地乃至全国的品牌产业。

怎样发展桃、怎样管好桃、怎样卖好桃，是摆在我们面前的重要课题。本着"以人为本，全面协调可持续发展"的思想和"适应自然、顺应自然、梳理自然、永享自然"的理念，按照"控制产量，降低消耗，提高品质，强化营销"的策略，综合桃主要产区的情况特别是桃乡北京平谷的情况，结合近 30 年的经验体会，我们编写了这本《桃经济栽培十讲》。内容包括桃经济栽培、桃生长发育的主要规律、环境与经济栽培、桃园的经济性规划设计与建园更新、桃园土肥水经济性管理、树体结构的选择培养与整形修剪、花果管理与市场需求、病虫害经济性综合治理、自己动手制作生产资料、名词术语解释。

本书站在经济和市场的角度考虑栽培，思想上追求意识和行为的统一；理论上自成体系，简明、通俗、易懂；技术上追求简单、省力、低成本、高效率，推出了**疏芽子**、**窄沟定位施肥**、**干盘灌溉法**、**树下铺反光膜**等一系列优新技术。

本书适宜地方农业规划推广部门的干部、农技人员和桃生产一线的技术员、果农阅读参考。

为了与读者有个交流的空间，我留 E-mail(pgzhangwenzhong@sina.com)给朋友们，希望与大家共勉。

张文忠
2010 年 9 月

目　录

第一讲　桃经济栽培

导读：本讲讲述资源、市场和生产；经济栽培与比较优势；市场调查和市场预测；经济栽培与果品营销；成本与效益；经济栽培的基本策略。重点是经济栽培的基本策略——控制产量，降低消耗，提高品质，强化营销。

一、资源、市场和生产

什么是资源？阳光、水、空气、森林、矿山、海洋、动植物、微生物、公路、铁路、信息网络等等，可以用于我们的生产、生活的东西都是资源，包括自然的、人造的、有形的、无形的。

对于经济发展来说，人和市场也是资源。从表面上看，市场是商品交换的场所，而本质上是一种供求关系。人是一种可流动的资源，人向着自己最需要的方向或社会最需要的方向流动；市场是一种可培育和开发的资源，培育和开发市场就是创造机会。

生产的目的是为了生存和生活，生存和生活产生了需求，形成了需求市场，需求又促进了生产，形成了生产和供应市场。没有需求的生产是一种没有动力的浪费，只有因需生产，经济才会循环和发展起来。资源是生产的基础，没有资源怎么生产？需求是生产的动力，没有需求为谁生产？

二、经济栽培

我国果树栽培在近二十几年发展很快，成绩不小，但教训也很惨痛。20 世纪八九十年代的“红富士”苹果热、南方的柑橘热，都是忽视了客观情况和社会需求，由于产量和质量的问题，造成市场过剩,大面积砍树、改树,几年的心血和投入都白费了。痛定思痛,果树栽培应向哪里发展?这给我们引出一个新的理念——果树经济栽培。

以往的栽培是以生物规律和技术为核心的栽培,偏重于自然科学。由于经济的发展和时代的进步,停留在以往的栽培角度看问题就显得有些与现代经济不相适应了,应该站在经济角度研究栽培、引导栽培,使栽培跟上经济时代的步伐,为时代做出贡献。

那么,什么是果树经济栽培呢?所谓果树经济栽培,就是按照科学的发展观,以人为本,根据当地气候、土壤、生物、地理、交通运输、劳动力、技术等各方面资源和市场的中长期预测,发挥比较优势,进行果树栽培的规划、设计和管理实施,以达到果树栽培效益的极大化、长远化、稳定化,实现社会与环境的全面、协调、可持续发展。

三、比较优势

任何事物都处在一定的环境之中,彼此之间就形成了形态、数量、质量以及时空等方面的比较,进而就看出了优劣。我们可以这样理解,在一个相对独立的经济圈内,进行资源的综合比较,具有相对优势的产业所具有的优势就是比较优势。可以从两个方面来分析比较优势:一个方面是自己和自己比,哪方面强,哪方面弱;一个方面是自己和周围比,哪方面强,哪方面弱。扬长避短,发挥优势,这样就避免了消极心理,使大家都有努力的目标。

判断是否具有比较优势,一定要进行全面科学细致地调查、分析,得出合乎实际的结论,切忌表面化、主观化、静止化、孤立化。确实具有比较优势,一定要把握好时机,下决心、花大力气来实施;没有比较优势的,就不要图好看、凑热闹、瞎折腾。

例:桃乡山东蒙阴。蒙阴多丘陵山地,日照充足、降水丰沛(780 mm 以上),但土壤较瘠薄,多为粗沙质土壤,透气性很好,有机质含量较低(0.8%)。20世纪80年代至90年代初,以发展苹果为主,但苹果对土壤肥力、管理技术的要求较高,属于耐储运的类型,国内栽培面积较大,市场竞争较激烈,因而产量、品质、效益都不理想。之后,转向发展桃,由于气候和土壤较适宜桃,面向南京、上海等大市场,又有一定的交通位置优势,发展桃相对于发展苹果具有较大的比较优势,产量、品质、效益都较高,经过十几年的发展,形成了近50万亩、年产量近8.5亿kg、年产值近20亿元的富民产业。

四、市场调查和市场预测

市场调查和市场预测的目的,是为果树经济栽培的规划设计提供依据。分两个方面进行:一方面是消费市场的调查和预测,包括消费量、消费水平层次、消费人群分布、潜在消费人群和潜在消费需求;另一方面是生产供应能力调查和预测,包括品种档次、上市时间、上市量和生产后备力量以及发展趋势。

市场调查首先是实地考察,眼见为实;其次是收集资料和走访。市场预测的准确性取决于调查的真实性、分析的科学性。

五、经济栽培与果品营销

果品营销就是根据果品生产与市场需求进行生产与销售的规划、设计和实施。包括市场调查、市场预测、市场选择分类分层;对生产进行指导,如品种、数量、时间、规格、质量;果品分级包装、商标、产地风光与生产的视听宣传、市场时态、果品供应的暂贮、经销商的引入合作、运输销售。

果树经济栽培与果品营销的关系如下:

(1)果树经济栽培是果品营销的前提,提供适销产品。

(2)果品营销是果树经济栽培目标实现的桥梁,是产品变商品变货币的过程,反过来指导果品生产。

(3)二者互相依存、互相接应,是统一的整体,是实现果树经济栽培健康协调发展的调节器。

协调好了二者关系,才真正实现了果树经济栽培。

六、成本与效益

成本与效益是衡量生产经营水平和比较优势大小的主要指标,是经济栽培必须考虑的问题。

1. 成本

产品成本:生产单位数量的产品所消耗的资源总和的货币值。产品成本可以作为衡量比较优势的参考。

效益成本:形成单位产值的投入总额。效益成本可以作为衡量比较优势和决定发展方向、规模的参考。

通过对不同地区或不同种类的果树栽培两种成本的比较,可以看出各自的优势大小,决定发展的方向、规模。

2. 效益

劳动效益:投入单位劳日所产出的效益。它不是劳动报酬。

技术效益:通过采取优新技术而产生的经济效益。技术效益的空间变化很大,因此,在选择采取什么技术时应全面比较择优而用。

投资效益:通过(增加)投资而产生的经济效益。投资是通过技术性生产资料、工具、设施增加和改进来实现的,投资效益越大,说明生产水平越低,越应该加大投资。

土地效益:单位面积的土地所产生的经济效益。土地效益越低,越应该提高集约化程度,其效果相当显著。这里简单介绍一下集约化,集约化就是在单位面积的土地上集中优新技术、优新品种、优新生产资料、优新工具和设施,以获得更高的经济回报。

时间效益:在一定的时间内(多以年为单位)产生的经济效益。

上述五种效益有时可以用货币来表示,但有时他们产生的是效果，不好用货币来表示。

五种效益从不同方面反映了生产经营的水平。

七、经济栽培的基本策略

经济栽培的基本策略是：控制产量，降低消耗，提高品质，强化营销。

“控制产量”就是产量与树龄、树势、管理水平相适应，品种、上市时间、产品数量规模与市场需求相适应。

“降低消耗”就是通过规划设计、技术和管理，减少不必要的人力、物力、财力浪费，降低成本。

“提高品质”就是根据市场需求、消费者需要和果树生产的内部规律、技术管理水平，制定产品品质、质量标准，生产出符合市场需求、消费者需要的高质量产品。

“强化营销”是果树经济栽培的目标实现的有力保障。营销是产品变商品变货币的过程，营销反过来指导果品生产，是实现果树经济栽培健康协调发展的调节器。

第二讲　桃生长发育的主要规律

导读：本讲讲述桃树根系、树冠、芽和枝的特点特性；花芽形成的规律与影响因素；开花、坐果、果实发育与成熟。这些规律是指导桃发展规划栽培管理的基本依据。

桃树生长发育有其自身的规律和特点，掌握了这些规律和特点，用于指导生产实践，就会减少盲目性，避免许多生产问题，降低生产成本，达到连续的优质、高产、稳产，形成较强的竞争优势，获得较高的经济效益。

一、根系

桃的根系为浅根性根系，分布的深度和广度因砧木、品种、土壤、地下水位而异。北京地区根系主要分布在10～50 cm深的土层中。

桃耐旱忌涝，根系呼吸旺盛，耗氧量大，积水地死根多，积水1～3昼夜就会造成落叶以致死树；土壤含氧量在10%～15%时，地上部生长尚无明显异常（与标准区含氧18%相比），降至7%～10%时生长较差，降至5%～7%时根呈暗褐色，发新根少，新梢生长明显衰弱。为了保证地下部和地上部的正常生长，应采取适当的措施，使土壤含氧量至少要在15%以上。

一年当中，地温在0℃以上时根系就能顺利吸收和同化氮素；地温在5℃左右时开始生长新根；地温在7.2℃时营养物质可以向上运输；地温在15℃以上根系生长旺盛，22℃时生长最快。7月中旬以前为迅速生长期，7月中旬以后生长迅速减缓，8月当土温达26℃时，根系停止生长，进入夏季相对休眠；9、10

月土温在19℃左右时根系开始第二次生长，但生长势较弱，时间也较短；10月下旬至11月上旬土温降至11℃时，根系停止生长进入相对休眠。

二、树冠

桃为落叶小乔木，干性弱，自然生长时中心干易消失而形成开张树冠。

桃幼树生长旺盛，发枝多，形成树冠快，有利于早结果、早丰产，一般2～3年结果，4～5年进入丰产，5～6年以后品质达到最佳；桃对风、光条件要求较高。因此，密植不是经济栽培的理想选择。

桃树寿命较短，按经济栽培要求，13～18年大多进入衰老状态，产量下降，天牛、木蠹蛾、吉丁虫、木腐病、腐烂病等次生林木病虫害逐渐增多，成本越来越高，应及时进行更新。

由于不同品种发枝角度的差异，桃的树姿有直立、半开张、开张之分。直立品种枝条强弱差异大，容易导致上强下弱，下部枝易死而形成光秃；开张品种枝条强弱差异小，树冠开张，易于下垂（特别是盛果后）而衰弱；而半开张品种介于中间，易管理。

三、芽和枝

1. 芽

桃芽分为花芽和叶芽，花芽为纯花芽，着生于新梢侧方叶腋内，叶芽着生于新梢侧方和顶部叶腋内。一节着生一个芽（花芽或叶芽）叫单芽，一节着生两个以上芽叫复芽。

桃的叶芽具有早熟性，一个生长季可发出多次副梢，因此桃树成枝较容易。

桃的潜伏芽寿命较短，但遇较强刺激（如重回缩、改善光照等）8年生以上大枝上大多仍可发出较强新梢。

2. 枝

桃枝按功能可分为生长枝和结果枝。

生长枝因长势不同可分为：

发育枝，生长强旺，粗度 1.5～2.5 cm，有大量副梢，发育枝及其副梢能形成少量花芽开花结果，主要功能是扩展树冠，形成骨架。

叶丛枝，极短，约 1 cm 长，只有一个顶生叶芽，萌发时形成叶丛，不能结果。当营养和光照条件好转时，可发出壮枝，用来更新。

徒长枝，主枝或枝组背上发出的粗度 1.5～2.0 cm、长 80 cm 以上的直立枝子，节间长、组织不充实，有大量副梢，一般只在树冠空缺部位培养枝组或更新骨干枝时利用。

结果枝按长度分为：

徒长性果枝，长度在 60～80 cm，粗度 1.0～1.5 cm，副梢少而节位高，花芽节位高，质量差，一般坐果率较低，也有一些品种徒长性果枝坐果较好。徒长性果枝结果后仍能萌发较旺新梢，可用来培养中大枝组。

长果枝，长度在 30～60 cm，粗度 0.5～1.0 cm，无副梢或有小副梢，花芽多而充实，是许多品种的主要结果枝。长果枝在结果的同时能形成新的长果枝、中果枝，连续结果能力强。

中果枝，长度在 15～30 cm，粗度 0.4～0.5 cm，多数品种的中果枝都可结果。

短果枝，长度在 5～15 cm，粗度 0.4 cm 以下，多单花芽，结果后发枝力差，易死亡，是许多大果型品种的重要结果枝。

花束状果枝，长度多在 5 cm 以下，多单花芽，只有顶芽为叶芽。结果后发枝力差，易死亡。

一般初果期树以长果枝和徒长性果枝占多数。

3. 枝条生长

桃树展叶后，经过短期的缓慢生长，当气温上升后就进入迅速生长期。生长弱的枝迅速生长期短，停长早（如短果枝、叶丛枝）；生长强的枝迅速生长期长，停长晚，有多次加长生长高峰（如发育枝、徒长枝）。

桃芽具有早熟性，发育枝、徒长枝及徒长性果枝，在主梢迅速生长的同时，侧芽萌发形成副梢（一次副梢），一次副梢上发生的副梢为二次副梢，如此形成三次、四次副梢。一般开张性品种副梢少（如大久保），直立性品种副梢多（如八月脆）。

由于新梢生长节奏的差异和新梢生长不同阶段所处环境（光照、营养）的不同，造成了新梢各节芽的性质（盲芽、叶芽、复芽）、饱满程度以及结果能力的差别，即芽的异质性。果枝基部多盲芽、弱花芽，短果枝上部、中果枝和长果枝中上部花芽好，生产上要注意区别利用。

四、花芽形成

1. 花芽的形成过程

桃花芽形成过程分四个阶段，即生理分化期、形态分化期、休眠期、性细胞形成期。

生理分化期，形态分化前 5～10 天，即将分化为花芽的芽体内蛋白态氮占总氮量的比例明显提高，外部表现为新梢生长减缓，为形态分化做物质准备。

形态分化期，包括花芽分化始期、萼片分化期、花瓣分化期、雄蕊分化期、雌蕊分化期。芽内生长点的圆形突出和芽体开始肥大为花芽分化始期，花器各部分原基的出现为形态分化各期的始期。

休眠期，秋季，芽内柱头和子房形成后，进入相对休眠。在 12 月至次年 1 月完成自然休眠之前，芽内只有少量的代谢活动，完成自然休眠之后的冬季低温里，芽内发生着一系列萌芽前的物质转变。

性细胞形成期，早春，气温上升到 0℃以上时，性母细胞开始减数分裂，随后出现胚原基、单核花粉粒，直到开花前雌、雄性细胞完全形成。此期对营养和环境相当敏感，容易出现花器退化和冻害。

2. 花芽分化的时期和影响因素

花芽分化开始的时期，因地区不同、品种不同而不同。在北京大久保等品种 6 月下旬开始花芽分化，值得注意的是，花芽分化期的开始大致与新梢停止生长的早晚相一致。

短果枝因停长早花芽分化开始的也早，但分化进程较慢；长果枝因停长晚花芽分化开始的也晚，但分化进程较快，到花瓣形成期以后的进度和短果枝无大差别；徒长性果枝、副梢果枝花芽分化最晚。北京地区 6 月底以前发出的副梢形成花芽较多而饱满，7 月形成的副梢花芽少。

这就提示我们在生产上要适时采取恰当措施，使新梢适时停长，以便形成优质花芽；同时根据不同品种的主要果枝类型，采取相应措施（如花芽分化以前施用氮、磷肥，改良光照）多培养这类果枝。

五、开花与坐果

1. 开花

桃花属子房上位周位花，多数品种为完全花，一朵花内有一个雌蕊和多个雄蕊。变态花有 2～4 个雌蕊（如 NJN76 油桃），形成畸形果。

正常雄蕊的药囊产生成熟的花粉。有些品种的花不能产生花粉或花粉很少缺乏生活力，这种花叫雌能花。八月脆、陆王仙、早凤王等品种的花为雌能花，建园时应配置授粉树。

桃开花期平均气温约在 10℃以上，适宜的温度为 12～14℃。同一品种花期长短受温度影响较为明显，温度低时可达 7～10 天，温度高时减到 3～4 天，如遇干热风可能仅有 2～3 天（对坐果不利)。

不同品种开花早晚不同,同一果枝上不同节位的花开放也有先后,上中部的花明显比基部的花开得早,而早开的花结的果个大,这在生产上要注意应用。

2.授粉受精

花粉落在柱头上称为授粉。授粉后,花粉粒便会发芽形成花粉管,向雌蕊内生长,把精子送到子房与胚囊结合,这个过程称为受精。一般只有完成受精的子房才能成为正常的果。

花朵即将开放之前,雌、雄蕊已经成熟,小蕾期(露瓣初期)的花粉已经具有发芽能力。从小蕾期到大蕾期花粉发芽率逐渐增加,因此人工制粉时要选大蕾期的花。蕾期至开花如遇阴雨天,花粉发芽率降低,不利于授粉受精。

雌蕊保持受精能力的时间为4～5天,如花期遇干热风,柱头在1～2天内枯萎,大大缩短了授粉时间,将明显影响到坐果率。

温度在10℃以上,花粉发芽和花粉管伸长都很快,在10～4.4℃花粉发芽和花粉管伸长受阻,低于4.4℃则停止发育。花期遇有持续的低于4.4℃的低温天气,将影响到坐果,应适当晚疏果。

花粉发芽率和花粉管生长速度也和花朵在果枝上的位置有关,果枝上中部的花花粉发芽率高,花粉管生长也快;果枝基部的花花粉发芽率低,花粉管生长也慢。

花期及花期前后正常的天气有利于授粉受精,提高坐果率。是否坐住了果,还与花后营养有很大关系,果过多、树过旺,也会造成大量的落果。

六、果实发育与成熟

1.果实发育

受精后,子房膨大发育成果实,子房壁内层形成果核,中层形成果肉，外层形成果皮。

受精胚开始发育时，子房壁细胞迅速分裂，果实快速增大，直到花后 2～3 周细胞分裂逐渐趋缓，花后 30 天左右细胞分裂几乎停止。以后果实的增大主要靠细胞体积膨大、细胞间隙扩大和维管组织的发达，特别是近成熟期，增大更快。

一般把果实发育分为三个阶段：

第一阶段，从花后子房膨大开始到果核木质化以前，果实体积和重量迅速增加，果核迅速增长达到应有大小。这一阶段不同品种增长速度大致相同，在北京到 5 月下旬至 6 月上旬结束。

第二阶段，果实增长缓慢，果核自尖部开始木质化，因此又叫硬核期。此期胚乳逐渐被吸收，胚不断增大。早熟品种比晚熟品种硬核期早 2～3 天。一般早熟品种硬核期需 2～3 周，中熟品种需 4～5 周，晚熟品种需 6～7 周。此期以胚乳消失、子叶达到一定大小并具有一定硬度为结束。

第三阶段，果实第二次迅速增大，果肉厚度明显增加。在采前 30～20 天至采前增长最快。

在第一阶段果实纵径增长快，第三阶段果实横径增长快，因此在疏果定果时，要选留长形果。

2. 果实成熟

果实增长过程中，果实所含总糖量不断增加，果实生长初期还原糖多于蔗糖，到后期蔗糖的含量大大超过了还原糖。成熟的果实蔗糖占主要成分，果实完熟时蔗糖有所减少，风味变淡。

游离酸在果实发育中期含量最高，成熟过程稍有减少。由于含糖量的上升，糖酸比不断提高，风味得到改善。

由于叶绿素的存在，未成熟的果实呈现绿色，成熟过程中绿色减退，逐渐呈现各品种应有的底色，同时由于花青素的形成，果实阳面形成不同形式的红晕或条纹，即果实的面色或彩色。

成熟过程中细胞间原果胶水解为可溶性果胶，使果实变软；还形成芳香物质，使果实呈现该品种固有的香味。

有研究表明，不溶质桃与溶质桃在发育过程中差异不大，但到成熟时，溶质桃原果胶明显减少，果肉细胞膜变薄，部分细胞破裂，细胞内溶物渗出到细胞间，使果肉表现柔软多汁；不溶质桃细胞膜变薄但不破裂，细胞间充满空气使果实富有弹性。硬肉桃成熟后中胶层水解呈粉质。

3. 裂核现象

一些品种裂核果较多，如京玉（北京 14 号）；有些年份由于气象原因裂核果较多；栽培措施不当，也会导致裂核。裂核使果实降低或失去商品价值。

裂核一般发生在两个时期：一是在核未木质化时，发生在核的内层部分；二是在硬核后。早期的裂核导致落果或果实缝合线变软，中后期的裂核导致果实不耐储运。

开始硬核时，凡使果实增长过快的条件或措施，都会引发裂核，如过早过多疏果、树势过旺、叶果比过大、突遇连雨天、大水漫灌、空气干燥蒸腾过度等。这些方面，在生产上都应加以注意。

第三讲　环境与经济栽培

导读：本讲讲述温度、光照、水和风、土壤等环境因素对桃生产的影响，是指导桃发展规划、栽培管理的重要依据。阳光、风、水是桃生产的三个自然要素，土壤是协调水、肥、气、热的大缓冲系统。

任何事物都存在于一定环境当中，事物与环境互相影响，密不可分。这里所说的环境主要指气象和土壤。对于桃树管理来说，一方面是对桃树本身的管理，另一方面是对环境的管理。

一、气象

气象方面包括温度、光照、水、风等因素。

1. 温度

温度是桃经济栽培的主要影响因素之一。

一般植物光合作用的最适温度为25～30℃，超过了最适温度光合产物减少，35℃时光合强度降低50%；呼吸作用最高点温度为36～40℃，到50℃时完全停止。在30～40℃之间，温度越高，光合产物越少，呼吸消耗越多，积累越少，果实的品质也越差。

温度对果实色泽、品质有直接的影响。在适宜的温度范围内，温度较高时，则果实含糖量高、色泽鲜，品质好；相反，则含酸量高，品质差。昼夜温差大，糖分积累多，果实风味浓、色泽鲜。

在北方，冬季的严寒、春季的晚霜、生长季热量不足是桃栽培的限制因素。

桃各器官中以花芽耐寒力最弱，如北京地区冬季低温在－22.8℃时，不少品种的花芽和幼树发生冻害，有些品种在－15～－18℃时花芽即遭受冻害(如五月鲜、深州蜜)。花芽萌动后的花蕾变色期受冻温度为－1.7～－6.6℃,开花期受冻温度为－1～－2℃,幼果期受冻温度为－1.1℃。冻害程度与低温的强度、温变的剧烈程度、持续的时间有关,温度越低、温变越剧烈、持续时间越长,冻害越严重。

例:2010 年 1 月上旬,北京市平谷区连续 3 天最低温达到－18～－20℃,绝大多数盛果期中华寿桃 1～3 年生枝的韧皮部、形成层、木质部、髓部褐变,大枝干韧皮部、形成层褐变;红不软桃接口以上韧皮部、形成层坏死;部分树枝干冻裂。

桃在冬季需要一定量的低温才能解除休眠,到生长季正常地萌芽、生长、开花、结果,通常以 0～7.2℃的小时数来计算,称为需冷量。一般栽培品种的需冷量在 600～1 200 小时。叶芽的需冷量高于花芽,所以桃树先开花后长叶。

夏季高温会造成果实、枝干日烧,如桃树夏季被日烧危害的树干温度最高可达 52～57℃。生产上应注意培养合理的叶幕结构,达到通风透光良好,温度相对平稳。

冬季日烧往往是阳光直射的局部温度急剧升高,而夜间温度又迅速下降,树体内水分移动缓慢,不能适应这种剧烈变化所致。骨干枝涂白是解决冬季日烧的有效办法。

2.光照

桃极喜光,光照不足时,枝叶徒长,光合产物减少,根系发育差、花芽质量低、落花落果多、果实品质差、小枝寿命短、树体下部易光秃。因此要求生产上要采取合理的密度、开心树形,叶幕最低受光部位也要达到全光照的 40%以上(全光照的 60%～70%果实品质最佳)。

3.水和风

水存在于土壤、树体各器官、桃园空气中。

水是一种重要的营养,水是一种重要的介质,水是影响各种生命活动的重要物质。

土壤中的水起着溶解、输送各种矿质营养的作用。土壤含水过少时，矿质营养不能正常地被吸收运转到树体各部，就会产生各种生理障碍，如各种缺素症、萎蔫等，甚至影响到产量、品质；土壤含水过多时，因缺氧导致死根、叶子萎蔫、落果落叶以致死树。

水在树体各器官中占有相当大的比例，果实含水80%以上，枝叶也含有相当高比例的水。器官缺水，会导致叶子、果实萎蔫，愈伤能力下降；器官含水过多，会导致抗病力、枝干抗冻能力、果实品质明显下降。

桃园空气过湿，许多病虫发生严重，如食心虫类、烂果病类。因此，营造一个通风透光良好的桃园群体结构是非常必要的。

风既有有害的一面，又有有益的一面。光合作用的原料之一是 CO_2，风源源不断地把 CO_2 送到叶子周围，增加了光合产量；雨后风能很快把树上的水吹干，降低果园湿度，减轻病虫害。

阳光、风、水是桃生产的三个自然要素，运用得好，将大大降低生产成本，提高经济效益。

二、土壤

土壤是为桃树提供水、肥、气、热和扎根条件的缓冲体，缓冲能力越强，协调水、肥、气、热和扎根条件的能力越强，桃树生长发育越正常。提高土壤缓冲能力的最有效措施是增加土壤有机质，这在提高桃的产量和品质方面有着深远的意义。

桃耐旱忌涝，根系呼吸作用明显，好氧性强，适于土质疏松排水良好的沙质土壤。在黏重土壤上栽桃，容易导致徒长，也容易得流胶病、颈腐病，果品质量低。

桃在微酸至微碱性土壤中都能栽培，但以 pH 5.0～7.5 为宜，在碱性土中易得黄叶病。

第四讲　桃园的经济性规划设计与建园更新

导读：本讲讲述规划设计原则、规划设计内容、建园与更新。规划设计原则“因地制宜、适地适树、效率优先”、品种与苗木、什么是优良品种、品种选择与搭配更新是关键点。

规划和设计是基础性工作，将长期影响桃园生产的效率和效益。因此要求规划和设计一要符合当地的客观条件，包括气候、土壤、地理交通、人力、经济水平和生活水平等方面；二要具有一定的前瞻性，包括品种搭配、栽植方式、树形确定、果园设施、生产工具、市场定位等方面，这主要是因为果树的生产周期长，高效期来得晚而长。

一、规划设计的原则

1. 因地制宜

根据当地的社会经济情况、生活水平、地理交通、土地资源和人力资源状况，规划栽培规模、品种类型和发展阶段，切记不要超过资源的承受力。因为我们的目的是“以人为本，增加生产者的收入，丰富消费者的生活，走全面、协调、可持续发展的道路”。交通条件差的地区，宜发展耐储运的优良品种；交通条件好、距大中城市较近，品种安排可相对多一些，以适应大中城市多样化的需求，得到更多的收益；处于发展初期的，要在总体上控制好规模，特别是初期发展规模，确保效果，有了一定效果和经验后，再根据社会发展和市场需求，调整方向、方法、品种、规模和结构。

例：桃乡平谷。由于地理位置靠北，平谷的早熟桃和南部的中熟桃形成对顶，销售和效益受到一定影响，转向以晚熟桃为主，质量和产量都较高，销售和效益都非常好。

例：上海郊区（浦东新区、奉贤、松江）水蜜桃。由于紧邻上海这个大消费市场，交通极便捷，上海人又很喜欢水蜜桃，水蜜桃成为主栽品种，销售和效益都非常好。

2. 适地适树

桃树喜光，根系需氧量大，适宜向阳有灌溉条件的坡地、岗地、沙性滩地，土壤 pH 5.0～7.5，年平均气温 10.5℃以上。低洼地、花期晚霜严重而频繁的地区不宜栽培。

树势强旺的品种，可栽在地力相对较差的地段、山地、河滩地；树势中庸或较弱的品种，宜栽在地力相对较好的地段。

例：桃乡平谷。境内泃河下游土壤过于肥沃，透气性较差，由于陆王仙桃树势强，栽培陆王仙桃产量低、着色差，不如山地和上游沙薄地陆王仙桃产量高、着色好。

例：桃乡山东蒙阴（见第一讲桃经济栽培中“比较优势”例）既是因地制宜的例证，也是适地适树的例证。

3. 效率优先

效率是降低成本、提高竞争力的重要因素。一般从以下几方面考虑：

劳动效率，劳动力投入是当前和将来桃生产投入的主要方面，因此规划设计首先要考虑劳动效率，道路、水利、区划应便于桃园管理和运输。

土地效率，在充分考虑劳动效率的基础上，尽可能地提高优质适宜土地的利用率，以期将来得到较高的土地效益。

阳光、风、水的利用效率，阳光、风、水是桃生产的三个自然要素，是关系到优质低耗的重要因素，规划设计时要放在重要位置来考虑。

交易市场的效率，合理布局交易市场，对缩短运距、减少质量损失具有重要作用，规划时应根据生产规模、地形、交通而定。

二、规划设计的内容

桃园的规划设计，许多有关桃栽培的书都有较详细的叙述，这里只对一些需要注意的问题做一下提示。

1. 水利、道路与区划

水利、道路和小区的规划，要用发展的眼光，根据效率原则，尽可能做到水路同行，小区大小因地形而异。在以家庭经营为主体的情况下，小地块较易规划，大地块是难点，既要符合栽培要求，又要便于各家的运输，还要设计出排水沟，这方面做不好，将影响十几年乃至几十年的效率和效益。

2. 品种与苗木

品种是决定效益的基础因素之一。

什么是优良品种？优良品种应具备三个条件，一是要适应当地的自然条件，主要是气候和土壤——适应性；二是较容易获得较好的产量——丰产性；三是品质好，有一定的消费需求。

品种选择与搭配：优良品种具有地区性，在甲地是优良品种，到乙地就不一定是优良品种。因此，在选择品种时要调查、考察品种来源、亲本和相似栽培地的表现。为了便于管理，获得较好的产量、质量和较长上市期，品种之间要进行合理搭配。根据市场调查与预测，确定早、中、晚熟品种的数量和比例，把成熟期相近、具有良好的授粉表现的品种按授粉树配置要求安排在同一地段。由于桃是即产即销，同一品种采摘期较短，所以，同一品种或成熟期相近的品种面积大小，应根据人力和市场而定，不要过多。

品种纯度、苗木质量、苗木规格是影响到园貌整齐度和经济效益的重要因素之一。从适应性考虑，苗木具有认地性，外来苗木存在着一定的不适应问题，加上长途运输等削弱了苗木的生命力，栽上后成活率下降、生长量小，园貌不整齐；从苗木纯度考虑，外来苗木问题较多；从成本考虑，一般自己育苗较划算。因此，品种确定后，最好是自己建苗圃，以确保纯度，培养良种壮苗，与栽树活茬相配合，定植时以大规格整形苗为好，这样可以达到桃园品种高纯度、园貌高整齐度，提早进入丰产期。

3. 栽植行向、株行距

栽植行向因地形而异，山地、坡地按阶梯等高栽植，不要认为山地肥水条件差栽植密度就应该高，而应该把有限的肥水条件集中使用，以便提高效率和效果，株行距以(2.5～3) m×(5～7) m(二主枝开心形)或(4～5) m×(5～7) m(三主枝开心形)为好；河滩地参照山地坡地设计栽植；平地，以南北行向为好，地力和肥水条件较好的地，株行距以 3 m×(6～7) m(二主枝开心形)或(4～5) m×(6～7) m(三主枝开心形)为好，地力和肥水条件较差的地，株行距以(2.5～3) m×(5～6) m(二主枝开心形)或 4 m×(5～6) m(三主枝开心形)为好。

三、建园

一般情况下，秋季规划设计，至翌年春季栽树前完成道路、水利、整地改土、打点挖穴、回填沉坑工作，接近发芽开始栽树。这样，时间较充裕，建园质量高，又减少一个栽后冬季管理。

1. 道路

主路，作为桃园的中轴，是规划设计的基线，影响到运输、灌溉等各方面的效率，宽度应能并行或错开两辆常用大型运输车。输水主管道依从主路设计。

支路，与主路连接，和主路一起划分出小区，支路之间相隔 80～150 m，宽度应能并行或错开两辆常用运输车。输水支管道依从支路和地势设计。

2. 输水管道

输水管道在分布上主要依从道路设计，可做局部调整，在标准上依水利标准。

3. 排水系统

依地势、地形，基本按低洼线较规范地设计出排水沟。

4. 整地改土

整地的目的主要是便于栽培管理，改土的目的主要是为桃树生长提供一个良好的土壤条件。

为了减少工程量，道路、水利系统和小区确定后，进行局部整地改土。整地时，按坡降一个小区可以分为几个阶梯，一个阶梯内保持相对平整；改土应在挖好定植穴后进行，每穴放 10～20 kg 优质腐熟有机肥与 2 倍以上的表土混匀填入中下部，瘠薄沙性地定植穴底部要衬上薄膜以防水肥下漏，再把混入 1/3 黄土和优质腐熟有机肥的表土填入中下部。

5. 确定株行距、打点挖穴、回填、做畦、浇水、沉坑

根据土壤、地形确定好行向和株行距后，为了达到园貌整齐、管理方便，要进行精确打点，基线、边线、中线上的点要先打而且要精确，其他位置的点参照这几条线就容易了。

定植穴深 60～80 cm、口径 80 cm 左右。挖穴时，底土和表土分开，回填时表土和有机肥混匀放在穴下部，底土放在上部，这样有利于桃树生长。回填后，做畦、浇水沉坑，以便接上底墒，同时保证栽植后不下沉。做畦时，畦面宽达到 1.5 m 以上。

6. 起苗、修根、分级

栽树前 5 天左右给苗地浇水，使苗木吸足水分，以利发根。栽植头天或当天起苗、修根、分级。起苗时要保留较大根系；修根时主根保留 20 cm 以上，侧根保留 15 cm 以上，剪除受伤严重的根，剔除病虫苗烧掉，地径不足 1 cm 的苗留圃。根据需要，进行苗木分级，同一级别的苗栽在同一地段，以保园貌整齐。

7. 根系处理、栽植、浇水、封穴盖膜

根系处理是一个重要环节，关系到栽后成活率、生长量和根系病害，随着技术的发展，将会出现许多根系处理的好方法。这里介绍一种目前常用的根系处理方法：临栽根系蘸 3 号生根粉（促生

根)、蘸 K_{84}(预防根癌病)。1 g 生根粉(用酒精溶解)+水 10 kg,可浸泡 500～1 000 株苗木,浸泡 30 分钟;然后蘸 K_{84}(水和药按 1∶1 调配,忌用金属容器),随蘸随栽。

栽时将根系舒展开,不要栽深,栽后浇水、封堰,沉实后地面与原地径迹相平为宜,然后盖 1 m^2 地膜,增加地温、保墒,促进发根和生长。

8. 定干、补植

栽后要及时定干,减少水分和营养消耗,促进发芽长梢。一般平地定干高度要求 50～60 cm,加上整形带,剪留高度为 60～70 cm;山地、沙薄地定干高度要求 40～50 cm,加上整形带,剪留高度为 50～60 cm。整形带内要有不同方向的饱满芽 3～5 个,以便发出健壮新梢选留主枝。

栽后 10～15 天,检查成活和生长情况,拔掉没有成活的苗和生长不正常的苗,补植好苗,保证生长整齐一致。

9. 保护芽梢

为了防止象甲、黑绒金龟子等啃食芽梢,定干后给整形带套上带有小孔的塑料袋,待芽生长到 1～3 cm 长时解袋。

四、更新

一般情况下,桃树经过幼树期、初果期、盛果期、盛果后期,进入衰老期。这个过程为 13～18 年。进入衰老期后,天牛、吉丁虫、透翅蛾、木蠹蛾、木腐病、腐烂病等次生病虫害逐渐加重,树体残缺不全,产量、品质下降,经济效益降低,应有计划地进行整体更新。

重茬病是桃树更新的一个重要问题。由于十几年桃树根系的吸收和生长死亡代谢,土壤中一些营养元素明显短缺,桃树根皮、种子含有的扁桃苷(水解时产生氢氰酸和苯甲醛,抑制根系的呼吸作用并能杀死幼根和新根)等一些有害物质的积累,以及病虫害的聚集增殖,使得没有经过科学措施处理的重茬桃园,桃树生长缓慢,易得营养缺乏症,抗逆性低,产量和品质下降。

1. 思路

伐树的当年或上年秋末，备好砧木种子（毛桃核、山桃核），进行沙藏处理，次年育苗。伐树后，轮作 1～2 年小麦、玉米，降低重茬的影响，秸秆还田，培肥地力；同时培养出整形大苗，第二或第三年春定植。这样做的好处是：①有充裕的时间选择优良品种；②降低重茬的不良影响，定植后苗木生长整齐；③轮作和育整形苗同时，苗的质量高，定植后次年可结果，不耽误结果，有利于以后产量和品质的提高。

2. 方法

（1）伐树：采完果即可伐树，伐树时留桩，便于清除根系；留下原行位置标记，以便定植时错开原位。

（2）清园：清除枝、叶、果（用于制作有机肥），用机器或人工清除根系，减少对后茬的毒害作用。

（3）轮作和育苗：小麦、玉米等禾本科作物根系分泌物能分解一些导致重茬病的有害物质，轮作 1～2 年小麦、玉米，降低重茬的影响，秸秆还田，培肥地力；同时另选苗地，培养出整形大苗。

（4）改土整地：使用改土剂，根据标记错开原位置，减轻重茬影响。

（5）定植整形大苗。

目前已有不经过轮作，使用改土肥直接进行更新栽植的技术。随着技术进步，将会有更多好办法，解决更新果园重茬问题。

五、交易市场

为了便于交易，提高效率和经济效益，建园时就应同时规划交易市场。栽培规模在 300 亩以上的，可在近中心交通便利处建小型交易市场。

第五讲　桃园土肥水经济性管理

导读：本讲讲述幼树期桃园土、肥、水管理和成龄桃园土、肥、水管理。重点是“条形扩穴＋深施腐熟有机肥”、“自然生草法”、“高床覆膜法”、“窄沟定位三期施肥技术”、“干盘灌溉法”。

土壤把水分、矿质营养、空气、热量、扎根条件等统合在一起，这种统合在时期和状态上是否符合桃树生长发育和优质稳产的要求，就是桃园土肥水管理所要解决的问题。

一、幼树期桃园土肥水管理

基本要求：幼树期是以营养生长为主的阶段，主要任务是扩大树冠、建立合理的骨架。因此要求生长季的前期（3 月至 7 月中下旬）采取促进生长的水肥措施，增加枝量、扩大树冠；生长季的后期（8～10 月）采取控制生长的水肥措施，减缓生长增加枝条充实度，提高抗寒力，以利于安全越冬。通过土肥水管理，把根系引向有利于桃树生长发育、有利于提高水肥效率和劳动效率的土壤范围。

1. 土壤管理

（1）间作：间作是为了增加幼树期土地收益，改良土壤，提高土壤肥力。

间作物在整个生长期不能影响桃树的光照和通风。间作物的种类以较矮的不攀缘的豆科作物为好，间作物要及时收获、处理（如秸秆制肥），以免虫螨传播危害桃树。

新栽树的畦面要保持在 1.5 m 左右，随着树冠的扩大，树畦要逐年扩大。

(2)条形扩穴＋深施腐熟有机肥

根系诱导:根系具有向水、向肥的特性,通过肥、水、气、热的诱导,使根系生长分布在较理想的范围内,既能全面协调吸收养分,提高抗性,又能节省水肥和人工。

条形扩穴＋深施腐熟有机肥:从定植当年秋季开始,接定植穴向行间引挖 4 条宽 40～50 cm、深 50 cm、长达下年预期树冠投影外缘的沟,填入与 2～3 倍表土混合好的优质有机肥,再填平土,如墒情差可适当浇水。这样连续 2～3 年,向行间引至预期树冠投影外缘位置,就基本完成了根系诱导。

2. 肥水管理

栽后新梢长到 15 cm 时,新根已经长出,开始追肥,要少量多次,第一次以氮磷为主,第二、三次以氮为主,深 15～30 cm,根据墒情适当浇水并盖膜。根据需要可穿插喷施叶面肥,避免缺素症的发生发展。第二、三年追肥从发芽后开始。8 月开始控制肥水,促进新梢充实,以利于幼树越冬。

二、成龄桃园土肥水管理

基本要求:成龄树根系生长基本达到预定范围,树冠骨架建设基本完成,土肥水管理的主要任务是维持根系的健全生理功能,保证水分、矿质营养的正常吸收运转,提高水肥效率,降低消耗,稳定产量,提高品质。

1. 土壤管理

(1)自然生草法:自然生草法就是利用果园行间生长的当地自然杂草,逐步根绝有害杂草,如喇叭花、拉拉秧等,当草长到 30 cm 左右时割倒覆盖。自然生草法有利于水土保持、培肥土壤(水、肥、气、热、有机质)、优质稳产和天敌昆虫的生存,省力、省工。

过去沿用的是“清耕法”,包括中耕、锄草、翻树盘,有利于保肥、保水、提高地温。问题是破坏了土壤结构,不利于水土保持、培肥土壤和天敌昆虫生存，费力、费工。

(2)高床覆膜法：建园时，树定植在高床上，进入盛果期完成根系诱导后，把高床整成中间略高两边略低，床宽为 2.5～3.5 m，再外为宽 40～60 cm、深(施肥盖土后)20 cm 左右的施肥、排灌多功能沟。浇完冻水或萌芽水后，在高床上覆盖黑色地膜，根茎部位留一条约 30 cm 的土壤透气带，以后干活时碰破膜也无大碍。其好处是：省水，土壤水分稳定，果实硬度好；省工，膜下不长草，免除草；便于劳作。

2.施肥——推行“窄沟定位三期施肥技术”

“窄沟定位三期施肥技术”：施肥沟宽 30～40 cm，位置在根系诱导完成后诱导沟的外缘向里 80～100 cm 处，每年进行秋施基肥、花前或花后肥、果实膨大肥，经过 2～3 年向左或右移一个沟宽。

(1)根系分类、分布与施肥范围

分类：按生产要求可简单地分为“粗根和须根”，粗根的吸收能力很差，呼吸作用明显；须根特别是白色根吸收能力很强，呼吸作用也很明显。

分布与施肥范围：有研究和生产实践表明，桃树只要有 50％的根系处于正常的土壤水肥之中，就可正常生长发育，达到预期的产量和品质。通过幼树期的“条形扩穴＋深施腐熟有机肥”，已经把多数根系引导到预定区域，即由定植穴向行间引挖 4 条宽 40～50 cm、深 50 cm、长达树冠投影外缘的沟，以后的肥水主要在这 4 条沟外段 80～100 cm 的范围内进行，既省肥省水，又省力、省工。

土壤的浅表层(0～10 cm)常处于干湿交替之中，因此肥料要施入浅表层以下。

(2)施肥时期、作用、种类、数量：盛果期桃园，每生产 100 kg 桃果，需施用 N 600～800 g、P_2O_5 500～700 g、K_2O 600～1 000 g、

CaO 1 100～1 500 g。施肥时，要全面考虑基肥的养分含量和追肥的养分含量。

秋施基肥：9 月，施腐熟有机肥 2 000～3 000 kg/亩，加少量无机氮肥，与土混匀，施入 10～50 cm 土层。此时光照好，气温土温均较适宜，又是根系生长高峰，有利于提高花芽质量和枝条充实度，有利于断根恢复、养分积累。

花前或花后肥：开花树体消耗了大量养分，接着就是幼果和新梢生长，急需补充养分。这次施肥应以 N、P、K 和微量元素相配合、适当多施些 N 素，按尿素∶磷酸二铵∶硫酸钾为 20∶15∶5 混配，施 25～30 kg/亩，与土混匀，施入 10～30 cm 土层。树势弱的先施，树势强的后施。

果实膨大肥：K 具有促进糖分运转、果实膨大、果实着色的作用，采前 30～20 天桃果进入快速膨大期，追肥应以钾肥为主，配以少量 N、P 肥，按尿素∶磷酸二铵∶硫酸钾为 10∶10∶30 混配，施 25～30 kg/亩，与土混匀，施入 10～30 cm 土层，树势旺的不施尿素。或硝酸钾约 20 kg/亩。

施肥时肥料要与土混匀，一方面避免烧根，一方面扩大肥料与根的接触面，提高肥效。

(3)叶面施肥：叶面施肥的好处主要是速效、省肥，分配较均匀，不受养分分配中心控制，不易引起枝叶徒长。

注意事项：稀释用水水温以 25℃左右为宜，使用时要避开高温、雨水、露水。

使用方法参照商品说明或先做小试验。

3. 浇水——推行干盘灌溉法

干盘灌溉法：在树干周围半径 1～1.5 m 的范围内做一圆形埂，浇水时只浇圆形埂外大畦，不浇圆形埂内(适用于不规整地块)；或在施肥范围内，沿行向做宽 60～80 cm 的窄畦作为浇水畦(适用于规整地块)。干盘灌溉法的好处是省水、省时，减少土传病害，根系在较多时间处于良好的水、肥、气、热之中，有利于优质稳产。

（1）土壤水分分类：土壤中水分有以下三种状态。

重力水：浇水或下雨后，土壤空隙间尚未下渗或排出的水，它挤占了空气的空间，是多余、有害的。

毛管水：浇水或下雨后，重力水已经消失，存在于土壤毛管中的水，是必要的、有效的。

束缚水：被吸附于土壤微粒上的不能被根系吸收的水，是必然的、无效的。

（2）浇水时期、作用、眼观指标

冻水：上冻前浇水，可减轻冻害、旱害，如抽条、枝干病害，以浇后渗到 50 cm 土层以下、地表不积水为宜。凡未浇冻水的需浇萌芽水，标准同冻水。

花前花后水：结合花前花后施肥浇水，比冻水要少，以渗到 40 cm 土层以下、地表不积水为宜。主要作用是促进根系生长、吸收养分、幼果生长、新梢生长、展叶。春季浇水不可次数过多，避免影响地温上升。

果实膨大水：结合施膨大肥浇水，但量应小，视天气和土壤墒情而定，以免造成落果和裂果。这次水主要是促进果实膨大。

上述三个浇水时期以外，如天气干旱、土壤墒情极差，也需适当浇水。

浇水后要严格注意保墒，“保墒重于浇水，水分稳定第一”。

桃园排水、沥水：桃树忌涝，积水 1～3 昼夜就会造成落叶以致死树。即便是短时间积水，对于即将采收的果实甜度影响也是明显的。因此汛期之前，要疏通好排水沟，雨后及时排除积水，沥出土壤中过多的水，保证土壤中有适量的氧气。

第六讲　树体结构选择培养与整形修剪

导读：通过“树体结构分析、选择、培养”建成宽行、矮冠、干高适宜、骨架和叶幕空间布局合理、枝叶稀疏、通风透光良好的群体结构，是合理利用空间、阳光、空气，提高劳动效率，实现优质高效的基础条件之一。成龄树的整形修剪要求“三定”：定性、定量、定空间，是冬剪的主要依据。

通过树体结构选择、培养与整形修剪，平衡树势，调节营养生长和生殖生长的关系，建成骨架和叶幕空间布局合理、枝叶稀疏、通风透光良好的开心形树体结构，提高风、光效能，提高劳动效率，达到园貌整齐、优质高产稳产。

一、树体结构分析

1. 干高

干高对树体长势、果品质量和劳动效率有明显的影响。树干过高，树体长势弱；树干过低，树体长势旺，不便于树下管理，下部果品质量很难提高。调查表明，地力条件较好的平地桃园，干高以50～60 cm为好，地力较差的平地和山地桃园，干高可略低一些。

2. 树高

树体过高，则树势衰弱，树体中下部光秃、结果部位上移，总体果品质量差，劳动效率低；树体过矮，空间利用率低，单产低。根据调查，结合劳动生产率，认为盛果期树生长季合理的树高为2.5 m左右。这样，既能保证产量和质量，又能提高劳动效率。

3. 骨干枝数量和间距

骨干枝数量越多，则骨干枝之间的平均距离就越小，长果枝和枝组就生长不开，造成通风透光差，枝条和花芽不充实，病虫害发生重，果品质量差，在骨干枝基部形成无效三角区。调查表明，骨干枝数量越多，无效三角区就越多，骨干枝之间的夹角就越小，形成的无效三角区总空间就越大（表 6-1）。

表 6-1　骨干枝之间夹角大小与无效三角区的长度关系

夹角角度	30°	45°	60°	75°
无效三角区长度(cm)	98	71	32	不明显

单株骨干枝数量以 2～3 个为宜，这样既不浪费空间也不至于形成较大的无效三角区。

4. 骨干枝角度

骨干枝角度过小，则树体直立，骨干枝尖削度小，出现上强下弱现象，果品产量低、品质差，劳动效率低；骨干枝角度过大，树体太平，背上优势明显，新梢密集，夏季修剪难度大，日烧严重。较适合的骨干枝角度在生长季有负载时应为 45°～60°，冬季应为 40°～50°。

5. 株行距

株行距直接影响到树冠大小、通风透光条件和劳动效率，特别是行距。综合考虑产量、品质、劳动效率和经济效益，认为以采果前的树高确定行距较适宜，同时要求采果前邻行叶幕间有 0.5 m 以上的间距以便通风透光。确定行距的计算方法是：

$$\text{行距(m)}=\frac{\text{树高}-\text{干高}}{\text{tg}\ (90^\circ-a)}\times 2+b$$

其中 a 为采果前骨干枝角度，b 为行间叶幕间距。

例：设采果前树高为 2.5 m，干高为 0.6 m，a 为 60°，行间叶幕

间距 b 为 0.5 m，则行距应为 7.08 m。

二、树体结构选择

总体目标：建成宽行、矮冠、干高适宜、骨架和叶幕空间布局合理、枝叶稀疏、通风透光良好的群体结构，合理利用空间、阳光、空气，提高劳动效率，实现优质高效。

1. 株行距

建议采取(2.5～3.0) m×(5.0～7.0) m 的株行距。

2. 干高、树高、骨干枝数量和角度

(1)建议干高为 50～60 cm，瘠薄地可略矮；树高采果前不超过 2.5 m，冬剪后不超过 3.0 m。

(2)建议骨干枝数量为 2 个，树形采取二主枝开心形，枝组直接着生在主枝上，枝组与主枝的夹角在 75°以上，这样骨干枝间距基本上和株距一样，消除了无效三角区，有利于提高果品产量和质量。

(3)骨干枝角度采果前 45°～60°，冬剪后 40°～50°。

三、树体结构培养

1. 定干和定干后的管理

(1)定干时剪留长度为 60～70 cm，在 40 cm 以上要有 4～5 个好芽。

(2)发芽后及时抹除多余的芽子。

(3)新梢长到 20 cm 时，选两个基角好、生长较一致的对面着生的新梢做主枝，其余的摘心。树姿较直立的品种，定干时第一芽长出的梢不作为主枝，及时摘心以便开张下边新梢的角度。

2. 整形修剪

(1)冬剪

方法一：采取“一紧二松三甩放”的剪法处理主枝延长头，即第一年冬剪要相对较重，生长量小的剪留 30～50 cm，生长量大的剪留 50～70 cm，剪口直径在 1 cm 左右，剪口下 30 cm 不留分枝。其余枝采取去强留中庸，同侧中长枝保持 30 cm 左右的间距。第二年冬剪时要相对较轻，剪留总生长量的 60%～80%，剪口直径在 1 cm 左右，剪口下 30 cm 不留分枝。通过试拉枝，使主枝达到 45°～60°角，延长头先端距行间中线不足 50 cm 时，可轻剪至副梢果枝处。其余枝的处理同第一年。注意枝组的选留培养（参见下面的"3. 枝组排布"）。第三年冬剪时，一般采取甩放或剪到副梢果枝处，剪完后使两行间保持 100～150 cm 的间距。其余枝的处理同第一年。注意枝组的选留培养（参见下面的"3. 枝组排布"）。

方法二（长放法）：与方法一的区别是，主枝延长头连续甩放，前两年延长头前部 40～50 cm 不留分枝。其余枝的处理与方法一相同。方法二的优点是：①主枝伤口少，皮质年轻，抗风，承载力大；②整形简单容易；③枝量增加快，成形快，树势缓和，可提前 1～2 年进入丰产期。桃乡山东蒙阴已全面推行长放法整形。

(2)夏剪：主要是抹除多余芽梢，控制直立旺梢和竞争梢。当直立旺梢和竞争梢长到 20 cm 以上时留 10～20 cm 进行摘心，使其产生分枝形成平斜小枝组。

(3)拉枝：定植当年 8 月，把两主枝分别拉向两行间固定，使两主枝尽可能在同一垂直面内，主枝角度以 40°为好；第二、三年 8 月上旬将主枝头拉到 45°固定。

3. 枝组排布

从第二年开始在主枝上培养枝组，大、中枝组距地面要达到 1 m 以上，主枝上段和基部不培养大枝组，同侧大、中枝组间距在 80～100 cm 之间，异侧大、中枝组也要错开 20 cm 以上，其他部位每隔 30～40 cm 培养一个小枝组。枝组在主枝上错开均匀着生；主枝背上不培养大、中枝组，可培养短桩平斜小枝组；主枝背下尽量不培养枝组，以免影响通风透光。中、大枝组要修长舒展，与主枝夹角在 75°以上，保持单轴单向伸展，枝轴基部粗度不超过着生处主枝粗度的 1/3。

通过 3～4 年整形、修剪和拉枝，基本树形结构建成。

四、成龄树的整形修剪

桃树不同的年龄阶段、不同的品种，长势和结果特点各不相同。结果初期的桃树，长势仍然较旺，长、中果枝数量占主导；进入盛果期后，则以该品种的主要类型的果枝占主导，如大久保、京艳等以长中果枝为主，八月脆、艳丰一号等以短果枝为主。因此，成龄树的修剪，要因年龄阶段、品种而定。

1. 初结果树、旺树的修剪

初结果树、旺树，营养生长仍占主导，应少短截，以缓放为主，适当疏枝，特别是八月脆、艳丰一号等以短果枝为主的品种，应连续缓放，形成足量的短果枝。同时注意培养中、大枝组，果枝或枝组不要过密，以保证通风透光良好，延长其寿命，加大主枝尖削度，提高主枝负载力。

(1)冬剪：按枝组排布要求，甩放一些侧斜或侧平的长、中果枝，培养成枝组，其余枝按计划产量要求甩放或疏除，同侧长、中果枝保持 30～40 cm 的间距。

(2)夏剪：冬剪是基础，夏剪见功夫。合理的夏剪，可以节省肥、水，提高果实品质，培养理想的枝组，减轻病虫害。夏剪包括抹芽、摘心、疏梢、拉枝等。

抹芽，一般在谢花后至大小果分出前进行，抹除过密的、歪斜的、将来会形成过旺枝的芽子，可节省大量养分，减少肥料用量。

摘心，一般在 5 月中旬至 6 月中旬新梢达到 20 cm 左右时进行，主要是摘除较旺的、背上的而又有必要保留的新梢生长点，留 3～5 片成叶，促发平斜分枝，培养小枝组。8 月的摘心只摘嫩尖，主要为提高花芽质量。

疏梢，从5月上、中旬开始，及时疏除过密的、较旺的、严重影响通风透光的、没有保留必要的新梢，减少营养消耗，提高果实质量。

拉枝，一般在8月进行，矫正预备培养枝组的新梢的方向、角度，用绳固定。

2. 盛果期树的修剪

进入盛果期后，主要是维持良好的树体结构和适宜的树势，提高品质、稳定产量，延长盛果年限。修剪的主要依据是品种和树势；修剪的主要任务是结构调整、枝组和果枝的更新、复壮。

(1)冬剪：首先考虑是否需要进行结构调整，包括主枝头、枝组的更新、复壮。

主枝头的修剪，主枝头枝量偏大时，营养分配集中到上部，会造成下部衰弱，应适当疏除一些枝组和果枝；主枝头偏旺时，要继续甩放，适当疏除一些强枝；主枝头偏弱时，可适当短截，疏除一些弱小枝；主枝头过弱时，要考虑更换主枝头，从下部选择一个方向、角度适宜的枝组或壮枝代替原主枝头，同时要适当削弱其他偏强枝组的势力。主枝头修剪是否得当，以采果前邻行叶幕间有不小于50 cm的距离为好。主枝头生长势的判断因品种而异，大久保、京艳等以长、中果枝结果为主的品种，以主枝头能发出长果枝为合适；八月脆、艳丰一号、陆王仙等以短、中果枝结果为主的品种，以主枝头能发出中、长果枝为合适。

枝组的修剪与更新，重点是中、大枝组的修剪，要保持枝组的基本方位和长势的稳定，彼此间不干扰。长势强的，适当疏除一些强壮枝，枝轴过粗、枝组过大时要从后段寻找或培养新枝进行更新；长势弱的，适当疏除一些弱小枝，保留壮枝；长势过弱的，回缩到方向好的壮枝处进行复壮。枝组上同侧中、长果枝保持30 cm

以上的间距。大中枝组后段要保留一些叶丛枝或瘪芽，以备枝组更新（尽量不在主枝上更新，减少主枝伤疤），保持枝龄年轻，枝势适宜。

果枝的修剪，果枝的修剪要求“三定”：定性、定量、定空间。定性，就是根据品种结果习性，决定主要利用哪类果枝；定量，就是根据品种结果习性和计划产量，决定留各类果枝数量；定空间，就是根据现状和品种生长特点，决定留枝间距、方向、角度。要求亩产在 2 000～3 000 kg 的情况下，大久保、京艳等以长、中果枝结果为主的品种，留长、中果枝 5 000～7 000 个/亩，总枝量在 10 000～12 000 个/亩；八月脆、艳丰一号、陆王仙等以短、中果枝结果为主的品种，长、中果枝不超过 3 000 个/亩，总枝量在 12 000～15 000 个/亩，余者为短果枝，枝量不足时花束状果枝也可利用。平行的中、长果枝间距要达到 30 cm 以上，短果枝和花束状果枝要适当间开，以不影响培养大个果为宜。

（2）夏剪：盛果期树的夏剪主要目的是改善通风透光条件，培养理想的枝组和果枝，减轻病虫害，节省营养，提高果实质量。主要方法是疏嫩梢、摘心、去旺梢。

疏嫩梢，有改善微观通风透光、减轻病虫害、减轻裂核软果、提高果实质量的作用。一般从新梢达到 5 cm 左右时开始，可持续到新梢半木质化之前，疏除背上、背下和两侧的过密嫩梢，疏梢量在 50%左右，疏嫩梢结合疏果同时进行，效率最高。疏嫩梢时要注意选择好更新的预备枝：在冬剪准备回缩的地方，顺枝组方向留 1～2 个斜上梢，其他部位每隔 10～20 cm 留一个梢，过粗的结果枝上 30 cm 左右留一个梢。疏嫩梢时，先疏弱树，后疏旺树。

摘心，见“1. 初结果树、旺树的修剪中的（2）夏剪”。

去旺梢，及时疏除严重影响通风透光的没有保留必要的特别是带有大量副梢的旺梢，减少营养消耗，提高果实质量。

通过修剪,使生长季树下地面着光率不低于30%。

特别需要指出的是:整形修剪是培养良好的骨架结构、平衡树势、平衡营养生长与生殖生长的关系、调节通风透光条件,实现优质稳产的重要技术,但单靠整形修剪是行不通的,需要和疏花疏果、肥水管理、病虫害的综合治理相协调,才会取得预期的效果。

第七讲　花果管理与市场需求

导读：本讲的主导思想是以市场需求决定花果管理的目标，讲述枝花形成管理、冬剪选枝、疏花疏果、果实套袋与着色管理、果实裂核与缝合线变软的预防、果实的成熟与采摘。

果实是桃经济栽培的靶器官，所有的栽培管理工序都直接或间接指向果实。花果管理与质量和产量的关系最密切，只有遵循其内部生长规律，才能达到优质、高产、低耗。

果实是走向市场、走向消费者的产品，果实的质量只有符合市场需求、消费者需要，才能顺畅销售，才能有较高的价格。

因此，花果管理只有遵循其内部生长规律，同时根据市场需求、消费者需要制定和执行可行的质量标准，才能实现优质、高产、低耗、高效。

一、枝花形成管理

不同品种的主要果枝类型不同，如大久保、京艳等品种以中、长果枝结果为主，而八月脆、艳丰一号等品种以短、中果枝结果为主，违背了这个规律，就会造成坐果率低、果个小、树势过旺等，产量和质量没有保障。因此在枝花形成阶段，就要用心培养这个品种的主要类型果枝，为后续管理和优质高产打下基础。

枝花形成管理主要从修剪、挂果量、肥水三方面入手。

1. 修剪与枝花形成

冬剪时，以中、长果枝结果为主的品种，多留中、长壮果枝，以期结果的同时形成新的中、长果枝；以短、中果枝结果为主的品种，适当保留中、长果枝，以期结果的同时形成新的短、中果枝。

夏剪时，以中、长果枝结果为主的品种，重点培养7月初以前形成的中、长梢；以短、中果枝结果为主的品种，重点培养、保留短、中梢，适当保留长梢，以便保持树势，避免刺激短中梢的生长与加粗，待光照需要调节和冬剪时进行处理。

2. 挂果量与枝花形成

挂果量不但直接影响产量和果的质量，还直接影响树势和枝花形成的质量。挂果过多，果个小、树势易衰弱，难以形成好的果枝；挂果过少，树势易旺，枝梢生长与果实生长失衡，果实缝合线变软、裂核、畸形较多，难以形成好的果枝和花芽；挂果适量，树势平稳、容易控制，产量和果的质量都较高，容易形成好的果枝和花芽。因此，我们要把挂果量作为调节树势、调节局部长势、调节产量、提高质量和培养优质枝花的砝码。

3. 肥水管理与枝花形成

肥水对枝花形成的影响主要体现在生长节奏和速度上。树势中庸或偏弱的品种和树，第一次追肥浇水宜在开花前或开花后进行，氮素的量相对要多些，以促进生长；树势较强的品种和树，第一次追肥浇水宜在花后进行，氮素的量相对要少些，以减缓其长势。生长季的中后期适当控制肥水，对形成优质的枝花是必要的。生长季适当补充叶面肥，对提高花芽质量有明显的效果。

二、冬剪选枝

生产上曾有这样的事发生：由于对八月脆品种的主要果枝类型不了解，培养了很多长、中果枝，冬剪时又去掉了短果枝保留了长、中果枝，到生长季不断落果，造成枝条旺、果个小、产量低，没有经济效益。因此说冬剪选枝是优质高产的关键之一。

冬剪选枝的根据是这个品种的主要果枝类型：以中、长果枝结果为主的品种，要留足中、长果枝，同时让这些果枝分布合理；以短、中果枝结果为主的品种，要留足短、中果枝，适当保留中、长果枝。

三、疏花疏果

疏花疏果是节省养分、增大果个，实现优质、高产、稳产的重要工序，是实现产品与市场对接的重要控制环节。包括疏芽、疏蕾、疏花和人工辅助授粉、疏果、定果。

1. 疏芽

桃萌芽率高、成枝力强、花芽量大，为减轻后续工序的压力，从树液流动期开始就要抓紧时间疏芽。方法是：中、长果枝基部10 cm内不留芽，往上疏1～2节留1～2节，疏掉总量的50%～60%；短果枝保留2～3节好芽，间开即可；花束状果枝根据产量需要决定去留，需保留的留2～3个花芽并保留顶端叶芽。疏芽时，枝组的后部要留有适宜的叶芽或枝，以备枝组更新。

如果活儿比较紧，可以采取抹芽子的方法：一手捏住果枝梢头，另一手戴上粗布厚手套戗茬抹果枝上面的叶芽和花芽，两侧和下面不抹。这种方法效率高，坐果有把握，夏季背上直立梢少，新梢生长较缓和，树体通风透光好。

例：桃乡北京平谷推行抹芽子，比间隔疏芽法节省70%的用工，坐果很好，减轻了新梢直立旺长，改善了通风透光。

2. 疏蕾

花芽露红后，没有完成疏芽的按疏芽的方法继续疏蕾。

如有需人工辅助授粉的树，可选择授粉表现好的树采大蕾花制粉备用。

3. 疏花和人工辅助授粉

(1)开花后，没有完成疏蕾的按疏芽的方法继续疏花。

(2)人工辅助授粉：如有需人工辅助授粉的树，优先安排人工辅助授粉。人工辅助授粉方法有：

对花，取有粉的花，给当天开的花授粉。

人工制粉、点授，采铃铛花，用筛子搓取花药，在温度 20～25℃的条件下室内阴干，用瓶压碎，放在小瓶内，用自制授粉工具点授。

放蜂，每 3～5 亩放一箱蜜蜂。

人工液体授粉，花开 30%时开始，每天喷一次花粉液（花粉液制作：水 15 kg，花粉 50 g，小蜜蜂授粉精 10 g，蜂蜜或白糖 50 g，混合搅拌均匀），连续喷 3 天。

4. 疏果

谢花后 15 天左右，大小果可明显区分，开始疏果。先疏早熟品种和坐果率高的品种，后疏其他品种；同一品种先疏弱树。疏去小果、畸形果、病虫果。疏果时尽量选留长而扁的果，以期将来长成较大的果。坐果率高的早熟品种疏果时就可以定果。

5. 定果

定果时，树体上部特别是枝头适当多留果，下部适当少留果；生长势旺的枝多留果；果实留在枝条的中上部。早熟品种在 5 月中、下旬完成，其他品种在 6 月上中旬完成。落果重的品种如艳丰一号在 6 月下旬、八月脆桃在 7 月中旬进行为好。

根据单株目标产量和目标平均果重计算出单株结果个数，再加 10%～20%富余量（树势旺、中后期落果严重的品种还应多留），就是单株留果个数。

四、果实套袋与着色管理

果实套袋可以减少打药次数，减轻病虫危害，提高果实的食用安全性；减轻冰雹伤害；套袋果果面洁净，色泽艳丽，肉质细腻，果实套袋可大幅度提高果实的商品价格，增加经济效益。事实上，果实套袋既是一种保险行为，又是带动其他管理上水平从而大幅度提高经济效益的关键技术。

1.袋型与袋型选择

袋型:分为敞口袋、开角袋(底角不封)、全封袋。

袋型选择:果实较易上色、容易变软的品种如大久保桃适用敞口袋;果实较易上色的普通品种适用开角袋;果实不易上色和颜色过重的品种适用全封袋。大果型品种选用大规格袋,小果型品种选用小规格袋。

2.套袋前喷药

套袋前喷一遍杀虫、杀菌剂,喷药后1～2天内套完,如遇雨要补喷一遍杀虫、杀菌剂。

3.套袋时期

定果后短期内完成。

4.方法和注意事项

套袋时,先套枝头及上部果,再套内膛及下部果,最后套操作方便的中部外围果。套袋时,先把幼果套在袋内,再折叠袋口,固定在桃枝上。注意不要把叶片装入袋内,不要带雨水套袋。

5.解袋时间和方法

预计成熟前15天开始对着光好的部位进行解袋观察,当袋内果开始由绿要转白时,就是解袋最佳时期。解袋时要分批,先解上部外围果,后解下部内膛果。连续阴雨和太阳辐射过强的地段,解袋分两次进行,先撕开袋底部,让果实逐渐适应外面的环境,1～2天后将果袋解除,以防产生果实日烧。

解袋前,应根据当时天气和病虫发生情况,决定是否喷一遍杀虫、杀菌剂,以减少病虫果。

6.着色管理

(1)吊枝、撑枝:进入果实膨大期后,枝组、果枝不断下坠,需要吊枝或撑枝,以改变局部恶化的通风透光条件,提高光合效率,促进后期着色。吊枝、撑枝最好在4、5月进行,此时果实重量小,操作方便,事半功倍。

例：桃乡北京平谷推广吊枝技术，在桃树主干绑立支柱，用铁丝吊主枝，形成稳定结构，明显促进了果实着色，经5～8级风考验，没有发生折枝、劈枝。

(2)解袋、摘叶：解袋时，为了促进着色，减轻病虫危害，顺便要摘除果实周围的遮光叶片，特别是贴果叶片。

(3)铺反光膜：采摘前30～10天树下铺反光膜，对树冠中下部叶果增温补光，有显著的增大果个、促进着色、减少烂果、提早成熟的效果。要求地面着光率在30%以上，经常清洁反光膜。

例：北京平谷，对早凤王、大久保、艳丰一号、中华寿、晚蜜等多个品种，于采摘前10～30天树下铺反光膜，对桃果有很好的增大果个、促进着色、减少烂果、提早成熟的效果，下部果着色率显著提高，增产8% ～ 15%。树下铺反光膜早熟桃增大果个、晚熟桃减少烂果效果更明显。主汛期高温多雨，膜面极易污染，反光效果差，没有早熟桃、晚熟桃树下铺反光膜效果明显；同时，铺反光膜后果实成熟相对集中，对采收和销售不利。

五、果实裂核与缝合线变软的预防

20世纪90年代以来果实裂核、缝合线变软现象越来越突出，已经成为影响桃果商品质量和经济效益的严重问题。

1.引起裂核的原因

品种方面如京玉品种裂核较多；核本身的强度较低、果肉的膨胀速度过快。而造成核本身的强度较低、果肉的膨胀速度过快的原因主要是：新梢生长过旺争夺去大量光合产物和钙质；挂果过少、叶果比偏高导致果实得到的钙较少、流失的钙较多，果实膨大快；偏施氮肥、氮钙比过大；土壤水分变化剧烈引起果肉过快膨大。

缝合线变软的原因基本和裂核的原因一致。

2.裂核、缝合线变软的预防

(1)保持土壤水分的稳定性，实行果园覆草、盖地膜。

(2)施肥以有机肥为主,控制氮肥的施用,改硬核肥为花后肥。

(3)及时合理夏剪,控制新梢旺长。

(4)合理留果,旺树、旺枝适当晚疏果、多留果。

(5)初盛花期和花后7～10天各喷一次0.2%硼砂溶液。

六、果实的成熟与采摘

果实近成熟期,果个增长和干物质积累最快,为了获得较高的产量和质量,一定要适时采摘。

果实八成熟时果个基本达到最大,果实内部主要是内容物成分的转变转化,此时采摘,产量较高,损失较低,经运销过程的后熟,到消费者手里时达到最佳风味。

桃果是陆续成熟的,因此要分批采摘,分级包装,减少挤压和颠簸,这样可以获得较高的产量和质量。

桃果采摘最好在清晨进行,此时果实甜度最高、果个最大、温度最低、商品性最好。

第八讲　病虫害经济性综合治理

导读：本讲讲述环境、桃树与病虫害之间的关系，病虫害防治遵循“安全、实用、经济、有效”的原则、坚持“预防为主，综合治理”的方针，病虫害的防治原理和方法，病虫害的预测预报，常见主要病虫害的经济性防治。环境、桃树与病虫害之间的关系是指导病虫害的经济性综合治理的思路来源，病虫害防治是经济栽培的关键性保证措施，经济、有效、科学合理的防治措施是降低成本、提高总体效益的重要途径之一。

病虫害防治是经济栽培的关键性保证措施，经济、有效、科学合理的防治措施是降低成本、提高总体效益的重要途径之一。

一、环境、桃树与病虫害之间的关系

1. 桃园环境的组成

环境因素包括气象方面的温度、湿度、光照、风、大气成分和土壤方面的土壤水分、土壤空气、土壤温度、土壤微生物等。在桃园，桃树、病原物、害虫共处于一个大环境之中，桃树、病原物、害虫也都是环境的组成部分，特别是桃树本身是桃园环境的重要组成部分，对桃园环境有着极显著的影响。

2. 环境对桃树和病虫害的影响

环境对桃树既有正面影响，为桃树提供阳光、CO_2、水分、矿物质等；也有负面影响，过度的高温、高湿、旱涝等，造成桃生长发育异常，某些病虫害严重。

环境对病虫也有正面影响和负面影响：多雨高湿有利于食心

虫、卷叶虫、潜叶蛾、烂果病、穿孔病等发生危害，不利于蚜虫、螨类、蚧类的发生；干旱不利于食心虫、卷叶虫、潜叶蛾、烂果病、穿孔病等发生，有利于蚜虫、螨类、蚧类的发生危害。

环境对桃树、对病虫这种影响是非常明显的：如梨小食心虫在相对湿度90%时，雌蛾平均产卵24.9粒；相对湿度70%时，雌蛾平均产卵9.24粒；相对湿度50%时，雌蛾平均产卵4.5粒。苹小食心虫在相对湿度75%以上时，卵的孵化率为90%；相对湿度50%以下时，卵不能孵化。桃炭疽病在相对湿度80%以上时发病严重。

3.栽培管理对环境的影响及其利用

桃树栽培管理对桃园湿度、光照、通风和土壤的水汽状态有着直接的影响，对桃树的栽培管理也是对环境的管理。通过合理的整形修剪、得当的肥水控制、适当的花果管理，"调节"树体状况，提高树体抗性，"调节"果园湿度、光照、通风和土壤的水汽状态，使不同阶段环境因素更有利于桃树优质稳产，更不利于病虫害的发生，在一定程度上"控制"局势，占据主动，降低防治成本，得到较稳定的防治效果。

二、病虫害防治的原则和方针

1.遵循"安全、实用、经济、有效"的原则

按照经济栽培的目标、劳动生产安全、食品安全、环境保护的要求，病虫害防治必须遵循"安全、实用、经济、有效"的原则："安全"包括劳动生产过程安全、食用产品安全，最大限度地降低对环境的污染和对生态的破坏；"实用"就是切合生产实际，具有很好的操作性；"经济"、"有效"就是用必要的、较小的代价，简便易行的办法，保障较大的眼前和长远兼顾的利益。

2.坚持"预防为主，综合治理"的方针

病虫害防治是一个错综复杂的系统工程，涉及病虫本身的发

生发展规律、环境的变化影响、栽培措施的影响、防治措施的组合应用等方面。因此，病虫害防治必须坚持"预防为主，综合治理"的方针："预防为主"就是在病虫害发生之前，抓住有利时机，采取有效措施，控制病虫害的发生发展，使之不致造成经济危害；"综合治理"就是从生产的全局和果园生态系总体考虑，以预防为主，充分利用自然界内抑制病虫的因素，创造不利于病虫发生为害的条件，以农业防治为基础，根据病虫害发生、发展的规律，因时制宜、因地制宜，合理运用化学防治、生物防治、物理防治等措施，安全、经济、有效地把病虫害控制在经济受害水平以下，达到优质、高产、稳产。同时把可能产生的有害副作用减少到最低限度。

病虫害防治过程中，要善于抓主要矛盾和主要矛盾的主要方面，同时兼顾次主要问题，如桃近成熟期至采收前雨水较多，烂果病可能是主要问题，温度、湿度和果实成熟度都有利于烂果病菌侵染、繁殖、发病，因此要适时喷一次针对性较强的杀菌剂，同时兼顾食心虫的防治。

抓病虫害防治，"环境是前提、栽培是基础、预防是上策、适时是关键"：环境既影响桃树，也影响病虫，病虫害防治要看环境情况而异；栽培有改变和创造桃园环境，直接或间接影响、杀灭病虫的作用，是农业防治的重要组成；预防的难度较低，容易掌控局势，效果较好，成本低，重要的是要有这种意识；各种病虫害的防治、各种措施的应用都有最佳时期，抓住最佳时期，就能用较低的成本得到较好的效果。

三、病虫害的防治原理和方法

病虫害的防治原理分为"植物检疫、农业防治、生物防治、物理防治、化学防治"五大方面。这五大方面既具有各自的规律、特点，又互相交叉、互相补充。

1. 植物检疫

植物检疫是国家保护农业生产的重要措施，由国家颁布法令对植物及其产品特别是种子和苗木进行控制，防止危险性病、虫、杂草传播蔓延。主要任务是：①禁止危险性病、虫、杂草随植物及其产品由国外输入和由国内输出；②将在国内局部地区已经发生的危险性病、虫、杂草封锁在一定范围内，不让其传播到尚未发生的地区，采取措施逐步把其消灭；③当危险性病、虫、杂草传入新地区的时候，必须采取紧急措施，就地彻底肃清。

当危险性病、虫、杂草传入新地区的时候，由于新地区缺乏抑制它的天敌或环境条件适宜它的生存发展，将会对当地的农业生产带来巨大损失。如美国白蛾传入我国后，对新疫区的农林生产、人民生活造成了极大损失和干扰，国家每年花费十几亿元人民币控制美国白蛾。

为此，每个果树生产经营者都应该有“植物检疫的意识”，在引进种子、苗木、接穗时，严防带入检疫对象；即便不是检疫对象，如危害枝果的蚧类、危害芽果的瘿螨类等，也要严格控制，以免新树、新建园、更新园人为带上这些不应有的病虫害，造成不必要的损失和麻烦。

2. 农业防治

生产上实用的农业防治，主要是利用栽培技术措施，“调节”树体状况，提高树体抗性，“调节”果园环境因素，达到更有利于桃树优质稳产、更不利于病虫害的发生发展的目标。包括：

(1)科学规划，适地适树，为将来优质、高产、低耗和病虫害防治奠定基础。

(2)选用优良品种、培育无病虫健壮苗木。

(3)选择合理的栽植方式和密度、适宜的树形和修剪方法，采取适当的土肥水管理措施、花果管理措施，适期采收，保证良好的通风透光条件、适宜的土壤状况、合理的挂果量、适宜的树势，减少树体和果实机械损伤，降低病虫害的发生危害。

(4)生长季，及时清理树上、树下的病虫残果、病虫枝，深埋或制成有机肥，减少病虫孳生基质和传播蔓延机会。

(5)休眠期，全面认真地清理病虫越冬场所，刮老皮、剪病虫枝，清理枯枝落叶、病虫残果、转主寄主的残体，集中深埋，压低病虫基数。

3. 生物防治

生物防治主要包括以虫治虫、以菌治虫、以菌治病、激素的应用、遗传不育、其他有益动物的利用。其中以菌治虫、以菌治病多以药剂防治的方式出现，包括细菌制剂（如苏云金杆菌类对某些鳞翅目害虫）、真菌制剂（如白僵菌对某些鳞翅目害虫）、病毒制剂（核多角体病毒）、抗生素类制剂（如链霉素），这些制剂应用越来越广泛；其他有益动物主要有蜘蛛类、捕食螨类、鸟类、蝙蝠、蜥蜴、蛙类、蟾蜍、刺猬等。

桃园较为实用的生物防治措施有：

(1)采取生草制，给天敌昆虫如草蛉、瓢虫等提供生存繁息的场所，保护利用自然界天敌。

(2)人工释放天敌，如赤眼蜂、捕食螨等。

(3)选用生物制剂防治病虫害，如 K_{84} 抗根癌菌剂预防根癌病等。

4. 物理防治

桃园实用物理防治措施主要有诱杀和阻隔。

(1)诱杀：利用害虫的趋光性和趋化性，设置杀虫灯、糖醋液，诱杀以鳞翅目为主的趋光性害虫如潜叶蛾、卷叶蛾、桃蛀螟等和趋化性害虫如桃红颈天牛、梨小食心虫、金龟子等。利用害虫寻找越冬场所的特殊性，在主枝上分段缠深色布条，诱集卷叶虫等害虫；在主枝基部分杈处搭草把，诱集卷叶虫、潜叶蛾、螨类等害虫，到深冬集中清理，消灭其中害虫。

(2)阻隔:根据某些害虫有爬行上下树的习性,在主干设光滑的环或药环阻杀草履蚧、春尺蠖,设涂有硫酸铜的环阻杀蜗牛,有很好的效果。

5.化学防治

化学防治就是使用化学药剂防治病虫害。其优点是见效快、效果高。其缺点是:一是长期使用农药,会使病虫产生抗药性,防治效果逐步降低,甚至达不到防治目的;二是杀伤天敌,破坏生态平衡,使病虫害失去自然抑制因素,造成一些病虫害再度猖獗;三是对大气、地下水、土壤造成污染。

(1)桃园适用主要农药介绍:见表8-1。

表8-1　桃园适用主要农药介绍

农药名称	防治对象	使用浓度	厂家	注意事项
阿米西达25%悬浮剂	褐腐病、根霉软腐病、果面红斑症	2 000倍	先正达	每年最多使用一次
凯润25%乳油		4 000倍	巴斯夫	
翠贝50%干悬浮剂		4 000倍	巴斯夫	
百泰60%可分散粒剂	炭疽病、桃果红斑症	1 500倍	巴斯夫	
福星40%乳油	疮痂病、炭疽病、褐腐病	4 000倍	杜邦	
世高10%可分散粒剂	炭疽病	2 000倍	先正达	
龙克菌20%悬浮剂	细菌性黑斑病	500倍	浙江龙湾	
必绿2号33.5%	细菌性黑斑病、桃果红斑症	2 000倍	浙江海正	
除毒20%	食心虫、卷叶虫	1 500倍	河北威远	
华戎一号1.5%		5 000倍	北京华戎	
金甲维盐3.2%		1 500倍	青岛海利尔	

(2)经济合理使用农药

①对症下药:根据具体病虫害,选用有效的药剂。

②适时施药:根据病虫害的发生特点,抓住关键时期打药。

③正确混合、轮替用药:每次用药种类不要超过3种,防止混药过多、加大总浓度,产生药害和不必要的浪费。一种农药在一年内使用不要超过两次,以免产生抗性。

④剂量准确、合理配制:按使用浓度计算用药量,用计量器具量取。配制时,先用少量的水把药剂充分溶解;再在药桶内加入适量水,然后把溶解好的药剂倒入药桶,搅拌均匀;最后加水到计划量搅拌后使用。

⑤配药用水:如用井水最好晒1～2天使水温达到25℃左右,这样可以活化药的成分,提高药效。

⑥喷药必须细致周到:要边喷边搅动,做到树干、枝、叶、果全面着药,不重打、不漏打。

⑦根据某些害虫有明显的局部发生特点,单独施药挑治,减少不必要的消耗,如桑白蚧、扁平蚧、瘤蚜等。

四、病虫害的预测预报

1. 预测预报的意义

通过病虫害的预测预报,掌握病虫发生发展的动态,指导病虫防治,减少打药的盲目性,提高防治效果,减少不必要的开销。

2. 病害的预测预报

目前,病害的测报方法还不普及,多数采取“综合分析”法。

(1)初期防治,根据上年发生情况、病害的发生规律、物候期、气象情况,综合分析,决定是否进行药剂防治。

(2)根据田间最初发现症状和病害的发生规律、物候期、气象情况,决定是否进行药剂防治。

3. 虫害的预测预报

桃园实用测报方法有诱集法和调查法。

(1)诱集法:利用害虫的趋光性、趋化性等特点,设置杀虫灯、糖醋液、性诱剂等,调查成虫发生量和发生高峰日,依此推测产卵高峰，确定打药时间。常用于鳞翅目的食叶害虫和食心虫。

（2）调查法：在某一虫态（或害虫）出现期开始前，逐日或每隔1～3天在桃园取样调查（或观察），统计数量，确定出最佳防治时期。此法现在多用于蚜虫、蚧类、螨类。

五、常见主要病虫害的经济性防治

（一）桃树主要虫害防治技术

随着果树面积的迅速增加以及栽培方式的改变，对果树造成危害的主要病虫害也发生了变化，主要表现在：原来的次要害虫上升为主要害虫，如苹小卷叶蛾近年危害逐渐加重，个别果园果实受害率超过20%，损失严重；部分果园出现新害虫，如危害果实表面的乱跗线螨、狭叶跗线螨等过去记载仅危害水稻、甘蔗等作物，而在1997年发现危害桃果，属于新纪录，其在桃果上的发生规律及防治方法均需研究；部分主要害虫再次暴发成灾，如桑白蚧、扁平蚧在得到控制后，近年又在个别果园暴发，致使果实受害，树势衰弱。

1. 桃潜叶蛾

【危害特点】

桃潜叶蛾以幼虫在叶片内串食危害，将粪便产于虫道内，虫道呈弯曲状，长达10余厘米，被蛀食部位仅剩叶表皮，表皮干枯后，导致叶片破碎，提前落叶，发生严重桃园8月份大量落叶，致使桃果实品质降低、产量下降、树势衰弱。

【发生规律】

桃潜叶蛾在北京郊区1年发生6代，以成虫在小石坝缝、较厚的杂草落叶下越冬。越冬代成虫3月上中旬至4月下旬出蛰活动，高峰期为4月上中旬，第1代至第5代成虫活动期分别为5月中旬至6月上旬（高峰期5月底至6月初）、6月中旬至7月上旬（高峰期6月底至7月初）、7月中旬至8月上旬（高峰期7月底至

8月初)、8月上旬至8月下旬(高峰期8月下旬)、8月下旬至9月下旬(高峰期9月中下旬),第6代(越冬代)成虫9月下旬出现,11月中旬潜伏休眠。第3代开始后世代重叠。

成虫对黑光灯趋性较强,对糖醋液有趋性。成虫活动从桃园边缘逐渐向内扩散,从树冠外围上部向下部扩散。越冬代成虫当年11月中旬,平均气温6.5℃以下潜伏越冬。次年3月上中旬,天气晴朗,风力不大,平均气温5.5℃以上时出蛰活动。卵散产于桃叶下表皮,雌蛾以产卵器刺破叶表皮,将卵产于叶肉组织内,叶背见黄色小鼓包,单雌产卵19~34粒。第1代卵初见时,桃树叶芽露绿0.5 cm。幼虫喜危害初成熟的叶片,第1代幼虫危害新梢基部1~5片叶,造成基部叶片脱落;第2代幼虫危害6~10片叶;第3代幼虫后重复危害,长梢可危害15~18片叶;第4代幼虫可造成大量落叶。幼虫在叶片内危害8~12天,老熟幼虫脱叶吐丝下垂结茧,结茧化蛹期7~10天。

【防治方法】

清洁果园,清理桃园内小石堆、枯枝落叶、杂草,刮出老翘皮,破坏成虫越冬场所,降低越冬基数。9月份在大枝干上绑草把,诱集成虫越冬,成虫出蛰前集中销毁。

成虫发生期用性诱剂、黑光灯、糖醋液诱杀,每亩均匀挂性诱剂和糖醋液5盆,每隔200 m均匀挂频振式杀虫灯1台,可有效降低虫口密度。

重点前期防治,5月下旬性诱剂诱蛾高峰日用药进行防治;8月中下旬性诱剂诱蛾激增日开始查500片叶,虫(卵)叶率超过5%时,用灭幼脲3号、除虫脲或氟铃脲轮换使用。

2.卷叶蛾类

【危害特点】

桃园中的卷叶蛾主要有苹小卷叶蛾、黄斑卷叶蛾、苹大卷叶蛾等,以苹小卷叶蛾为主。幼虫危害叶芽、花芽和花,展叶后害虫吐丝连缀叶片，居其间食叶肉。还可将贴近果面的叶片吐丝沾在果面，幼虫在叶下啃食果皮和叶肉，造成果面出现坑坑洼洼不规则的虫疤，严重降低果实商品价值。

【发生规律】

苹小卷叶蛾1年发生3代，以低龄幼虫在主干、主枝、老翘皮下、剪锯口、紧贴树干的干叶下等处越冬。次春花露红期至花后陆续出蛰危害，5月上旬开始羽化成虫，越冬代成虫发生盛期为5月下旬，第1代成虫发生高峰期7月中旬，第2代成虫发生高峰期8月下旬，成虫可发生到10月中下旬，9月下旬开始幼虫陆续越冬。

越冬幼虫出蛰后，最初爬至花芽、叶芽基部吐丝缀成一个薄丝室潜于其中，取食时爬出丝室，遇惊即返回。直到花朵开放，叶簇开始展出时，即吐丝缀合新叶危害或缀合新叶于果面，啃食果皮，幼果受害严重的不能继续发育。

苹小卷叶蛾成虫对黑光灯、糖醋液有较强的趋性，对性诱剂敏感。成虫白天不活动，栖息于叶背或草丛间，夜晚活动。成虫喜产卵于光滑表面，田间多产卵于叶正面或果面。初孵幼虫很活泼，分散爬行，吐丝下垂转移到附近叶上，一般在叶背主脉附近，吐丝作一小孔道保护身体，遇刺激时即退入其中。1龄幼虫尚无卷叶能力，幼虫长大后将叶片缠缀一起成虫苞，潜居其中食害叶肉，并可转移重新卷叶结虫苞危害。幼虫较活泼，震动卷叶时幼虫剧烈扭动身体从卷叶中迅速脱出，吐丝下垂。幼虫老熟后，在卷叶内或缀叶间化蛹，羽化时蛹体一半抽出卷叶或缀叶外。果实近成熟时，第1、2代幼虫可将果实附近的叶片吐丝缀合叶片于果面，啃食果实表皮，造成果面出现坑坑洼洼不规则的虫疤。

该虫多雨年份发生量大，天敌中以寄生蜂较多。

【防治方法】

9月上中旬树干绑草把，主枝上每隔50 cm左右绑3 cm宽布条，树上保留10余个废纸袋，诱集越冬幼虫，冬季集中销毁。越冬幼虫出蛰前，人工抹杀干枯叶下、拉树布条下、剪锯口下、芽流胶下的幼虫，刮除老翘皮，集中销毁。生长季结合夏剪，捏杀卷叶内的幼虫，减少害虫发生量。

果实套袋，避免害虫危害果实；解袋后，将果实附近的叶片摘除，可减少危害。生长季挂性诱剂、黑光灯、糖醋液等诱杀害虫成虫（以黑光灯、性诱剂效果较好）。

苹小卷叶蛾产卵后，释放天敌赤眼蜂，寄生苹小卷叶蛾卵，第1代成虫产卵始期放蜂，每隔5～7天放1次，每次每亩放蜂2万～3万头，连续放3次。

越冬幼虫出蛰期（花期前后）、越冬代成虫高峰期、套袋果解袋前是化学防治的关键时期，可选用虫酰肼（米满）、甲维盐、菊酯类农药防治。

3. 梨小食心虫

【危害特点】

梨小食心虫又名桃折心虫、东方蛀果蛾，简称梨小。危害桃、李、杏、樱桃、苹果、山楂等多种果树。在不同植物上危害部位不同：危害桃、李、杏、樱桃、苹果、海棠等新梢；危害梨、苹果、海棠、桃、山楂、李、杏等果实。春季幼虫主要危害桃梢，夏季可危害桃梢和果实，秋季主要危害果实。危害桃梢时，从被害梢第3～5片叶柄基部蛀入，向下蛀食至半木质部，被蛀食的新梢顶端萎蔫下垂，蛀孔处有流胶及虫粪，后新梢顶端干枯，6月上旬至7月下旬为蛀梢危害盛期。危害果实时，幼虫先取食果肉，后蛀入果心，在核周围蛀食，老熟幼虫脱果后留下明显虫孔，有的虫孔周围有流胶及虫粪。

【发生规律】

梨小食心虫1年发生4～5代，老熟幼虫结茧越冬，越冬部位主要在梨树和晚熟桃树的树干和大枝杈的老翘皮缝、根茎部、枝杈、剪锯口、树干周围浅土层等处。成虫发生期为3月下旬至10月中旬，越冬代成虫发生高峰期为4月下旬，5月初始见第1代幼虫危害桃梢，第1代成虫发生高峰期为5月底至6月上旬；6月上中旬幼虫蛀梢进入盛期，6月初始见幼虫危害桃果实，第2代成虫高峰期为6月底至7月上旬；第3代幼虫危害桃梢，蛀食桃果实数量增多，第3代成虫高峰期为8月上中旬；第4代幼虫主要蛀食晚熟桃果实，第4代成虫高峰期为8月底至9月上旬；老熟幼虫9月中旬开始结茧越冬。

根据5年观察，幼虫5～6月危害桃梢，幼树园危害桃梢到8月份，结果园6月下旬后逐渐危害早中熟桃果实，后期转向梨、苹果和晚熟桃的果实。成虫对糖醋液有较强趋性、对黑光灯有一定趋性。雌蛾未经交尾不取食糖醋液，交尾后才对糖醋液有趋性。糖醋液配方为糖∶醋∶水＝1∶2∶16，少量白酒。

越冬代成虫产卵量小，夏秋季节各代生殖力较高。桃树以桃梢中部叶(从梢起3～5叶)产卵最多，多产于叶背面，对旺盛生长的嫩梢尤为喜食，多产卵于树冠上部。李树多产于李果及叶片上。梨树也多产于梨果上。苹果叶背多毛，多产于叶正面，从新梢顶部及1～3片小叶的叶脉处蛀入。

【防治方法】

刮除主干和枝杈上的老翘皮，可以消灭部分越冬幼虫；冬前刨树盘，杀灭土中越冬害虫；9月上旬树干绑草把、主枝绑布条或树上留废纸袋诱集越冬幼虫，3月初以前，集中销毁。

生长季节，剪除被害桃梢，清除树上、树下虫果，集中销毁，减少害虫发生量。

果实套袋，注意把袋口绑严，防止幼虫进袋危害。

挂糖醋液、性诱剂、黑光灯等诱杀害虫。

越冬代和第1代成虫发生高峰期是药剂防治关键时期，此时发生整齐，有利于防治。生长季做好虫情监测，在卵果率达到

0.5%～1%时进行化学防治，可选用甲维盐或菊酯类农药防治。

4. 桃蛀螟

【危害特点】

桃蛀螟食性较杂，除危害桃果实，还可危害杏、李、苹果、向日葵、玉米等多种植物。危害桃果时，以幼虫蛀食果肉和嫩核仁，从蛀孔中流黄褐色透明胶液，蛀孔周围堆积有大量红褐色虫粪，果实内也有虫粪。桃蛀螟主要危害早中熟桃果，后期主要危害桃园附近的向日葵、玉米、板栗等，被害果实中有时有2～3头幼虫，5月中下旬疏果定果时即可见其危害。

【发生规律】

1年可发生3代，以老熟幼虫在树皮裂缝、板栗栗棚内、向日葵花盘、玉米秆内等处结茧越冬。越冬代成虫5月上旬至6月中旬发生，性诱剂诱蛾高峰期为5月下旬，成虫羽化时间多在下午7～10时，白天及阴雨天停息在桃叶背面和叶丛中，傍晚开始活动，取食花蜜。产卵前期3天，产卵多在下午9～10时，卵多产在枝叶茂密处桃果上或两个桃果紧靠处，卵散产，单果着卵最多可达20～30粒，以果胴部最多，果肩次之，梗洼及萼洼最少。卵期5天，幼虫在果面稍爬行即蛀果。第1代幼虫危害早熟桃，第2、3代幼虫危害晚熟桃、苹果、梨、板栗、向日葵、玉米等。幼虫老熟后，由蛀孔爬出果外，在果梗与果枝相结处结茧化蛹，个别在果内化蛹。第1代成虫7月上旬出现，性诱剂第2次诱蛾高峰为7月中旬，第2代成虫高峰期为8月底至9月初，成虫10月初结束。桃园、苹果园均以越冬代成虫量最大，第1代次之，以后代次发生量最小。

【防治方法】

8月下旬，树干绑草把，主枝每隔50 cm绑1～2圈布条，诱集越冬幼虫，冬季集中销毁。

早春刮除枝干老翘皮，清除向日葵盘、玉米秆、高粱秆等集中销毁，降低越冬幼虫基数。

有条件果园，在成虫发生期用黑光灯、糖醋液和性诱剂诱杀。

全园果实套袋，阻隔成虫在果面产卵、幼虫危害。

越冬代成虫高峰期（桃脱萼后至5月底）为药剂防治关键时期，以后各代根据诱蛾高峰期进行药剂防治，可选用甲维盐、高效氯氰菊酯等菊酯类农药防治。

5. 蚜虫

【危害特点】

危害桃树的蚜虫主要有三种：桃蚜、桃粉蚜、桃瘤蚜。

桃蚜：成、若虫群集在新梢嫩叶背面刺吸汁液，受害叶片向背面做不规则卷缩，整个新梢叶片扭做一团，受害叶片变色、早落，新梢不能正常生长，影响产量及花芽形成，削弱树势。发生严重时，危害花芽及开放的花，刺吸子房，影响坐果，降低产量。蚜虫排泄的蜜露，污染叶片及新梢，使桃树生理作用受阻，诱发煤污病，加速早期落叶，影响生长，桃蚜还能传播桃树病毒。

桃粉蚜：春夏之间常和桃蚜混合发生危害桃树叶片，成、若虫群集于新梢和叶背刺吸汁液，受害叶片呈花叶状，向叶背后对合纵卷，卷叶内积有白粉，严重时叶片早落、新梢不能正常生长，排泄的蜜露常致煤污病发生。

桃瘤蚜：对嫩叶、老叶均可危害，以成、若虫群集叶背吸食汁液，被害叶的叶缘向背面纵卷，卷曲处组织增生，凸凹不平，初为淡绿色，渐变为紫红色，严重时全叶卷曲成细绳状，后干枯、脱落。受害严重的桃园，有的一大枝或整株表现症状。

【发生规律】

桃蚜：在京津地区每年发生10～20代，是一种转移寄主生活的蚜虫，以卵在桃树枝条芽腋间、裂缝处、枝条上的干卷叶里越冬，少数以无翅胎生雌蚜在风障菠菜上或窖藏的秋菜上越冬。以卵在桃树上越冬的，翌年早春桃芽萌动时卵开始孵化，孵化期很集中，先危害叶芽、花芽，继而危害嫩叶、新梢，5月至6月上旬是严重危害期。蚜虫繁殖速度极快，几天之内可使叶片扭曲、卷缩。6月中旬以后产生有翅蚜迁飞到夏寄主上，10月份有翅蚜飞回桃树上，产生有性蚜，产卵越冬。

桃粉蚜：在北方每年发生10～20代，以卵在桃、杏、李等果树枝条小枝芽腋、树皮裂缝处越冬。次年桃树芽膨大时，卵开始孵化，取食新芽，繁殖后代。发生盛期为5～6月份，后产生有翅蚜，迁飞到芦苇等禾本科植物上危害繁殖，10月份有翅蚜迁回到桃树上，产生有性蚜，产卵越冬。

桃瘤蚜：在北方每年发生10余代，以卵在桃树芽腋、裂缝处越冬。翌年桃树芽膨大时，越冬卵孵化，先取食新芽，幼叶展开后，在桃梢端部嫩叶背面边缘危害，被害叶向背面纵卷，肿胀扭曲，边缘变为红色肥厚的伪虫瘿。受害严重的枝梢，部分被害叶变黄或枯萎，对幼树影响严重。6～7月份危害严重，并产生有翅胎生雌蚜，迁至夏寄主艾草上，10月又迁至桃、樱桃等果树上，产生有性蚜，产卵越冬。

【防治方法】

合理修剪，加强土肥水管理，清除枯枝落叶，刮除老树皮。结合修剪，剪除被害枝梢，集中销毁。果树行间不宜种植烟草、白菜等农作物，减少蚜虫的夏季繁殖场所。危害期的桃瘤蚜迁移活动性不大，及时发现并剪除销毁受害枝梢，是防治桃瘤蚜的重要措施。

尽量少喷广谱性农药，避免在天敌多时喷药，减少对天敌伤害。

桃花芽露红期、谢花后是化学防治蚜虫的关键时期，可选用吡虫啉、啶虫脒、阿克泰、吡蚜酮、艾美乐等。防治桃粉蚜时，可在药液中加入表面活性剂（0.1%～0.3%中性洗衣粉或0.1%害立平）

6. 叶螨类

【危害特点】

危害桃树的叶螨主要有山楂叶螨、二斑叶螨、苹果全爪螨、果褐苔螨等。

山楂叶螨：以成、幼、若螨群集于叶背和初萌发的嫩芽上吸食汁液，雌成螨在叶背吐丝拉网。早春出蛰后，雌螨集中在内膛危害，形成局部受害现象，后渐向外围扩散。叶片受害后呈现失绿黄色斑点，逐渐扩大成红褐色斑块，严重时，整张叶片变黄，焦枯脱落。严重受害时树叶大部分脱落，甚至造成二次开花，消耗树体大量养分，影响光合作用，导致树体衰弱。当年果实不能正常成熟，且影响花芽形成和次年产量。

二斑叶螨：以成、幼、若螨群集在寄主叶背取食和繁殖，叶片受害初期，在叶脉两侧出现许多细小失绿斑点，随着危害程度加重，叶片严重失绿，呈现苍灰色并变硬变脆，引起落叶，严重影响树势。该螨有明显的结网习性，数量多时，丝网可覆盖叶的全部或在叶柄与枝条间拉网，叶螨在网上产卵、穿行。

苹果全爪螨：幼、若螨及雄螨多在叶背取食栖息；雌成螨多在叶面取食活动，静止期却在叶背主脉两侧固着蜕皮。发生量不大时，一般无拉丝结网现象；但虫口过于密集时，各龄虫态都能吐丝结网或下垂，借风力扩散。被害叶片初期在中脉两侧有少量失绿斑点，以后斑点均匀分布叶面，严重失绿呈斑驳状。最严重时叶呈铜色革状以致憔悴，但很少落叶。

【发生规律】

山楂叶螨：在华北地区 1 年发生 5～9 代，以受精雌成螨在枝干粗皮裂缝、树干基部周围的落叶下及土缝等处越冬。翌年春天，当芽膨大时开始出蛰，先在内膛的芽上取食、活动，如遇雨或春寒，又回到附近的裂缝内潜伏。到 4 月中下旬，当日均温 9～10℃时为出蛰高峰期(苹果花序分离期)，出蛰成螨取食 1 周左右开始产卵,卵期 8～10 天,若螨孵化后,群集于叶背吸食危害。5 月下旬前通常只在内膛集中危害。5 月下旬后,虫口数量迅速上升,并由内膛向外围扩散。6 月中旬至 7 月中旬虫口维持在较高水平,使果树受到严重危害。大树的内膛及顶梢,常由于喷药不周,叶片呈焦枯状,甚至落叶。成螨及幼、若螨都有吐丝结网习性,并可借风传播,卵产于丝网上。7 月下旬至 8 月上旬,由于高温高湿作用,虫口明显下降,至落叶前,叶上可见到少量成螨,9 月后陆续发生越冬雌螨,潜伏越冬。

二斑叶螨:在北方 1 年发生 12～15 代,以受精雌成螨在树干翘皮下、粗皮裂缝、果树根际周围土壤缝隙处、落叶、杂草下群集越冬。早春 3 月底 4 月初开始出蛰,越冬雌成螨先到树下杂草及果树萌蘖上取食产卵,4 月上中旬为第 1 代卵期,成螨产卵至第 1 代卵孵化盛期需 20～30 天,然后转移到树体内膛徒长枝上危害,不久向全树扩散。以后世代重叠,随气温升高繁殖加快,6 月中旬至 7 月中旬为猖獗危害期。进入雨季虫口密度迅速下降,后期如干旱可再度猖獗危害,至 9 月份气温下降陆续向杂草转移,10 月陆续越冬。喜群集叶背主脉附近并吐丝结网于网下危害,大发生时常千余头群集叶端成一团。

苹果全爪螨:在北方 1 年发生 6～9 代,以越冬卵在小枝鳞痕、芽旁等处越冬。翌年 4 月中下旬国光品种现蕾期越冬卵开始孵化,花序分离期进入孵化盛期。越冬卵孵化期比较整齐,是化学防治的有利时期。春季世代主要分布于树冠外围,内膛及顶部数量较少。4～5 月份气温如果较高,5 月中下旬即将在全树上较均匀地分布危害,比山楂叶螨危害期早。严重危害期可一直延至 7 月中旬。到 7 月下旬,由于高温高湿作用,虫口下降至极低水平,晚秋虫口常有所回升。9、10 月间产卵越冬。

【防治方法】

8 月下旬树干绑草把,诱集害螨越冬,早春出蛰前解除草把销毁。

冬季刮除枝干老翘皮，清扫落叶，并集中销毁；翻耕树盘，消灭部分越冬雌螨。

果园生草，增加果园生物多样性，切忌使用广谱性杀虫剂；无化学农药干扰时，天敌的复合种群可将害螨数量控制在极其稀疏的程度。

在害螨初发期，释放捕食螨。

化学防治，谢花后用噻螨酮（尼索朗）、四螨嗪（螨死净）等防治；5～6 月份平均每叶有螨 2 头时，8 月上中旬二斑叶螨平均每叶有螨 2 头时，需用化学农药防治，可选用噻螨酮（尼索朗）、四螨嗪（螨死净）、哒螨灵（扫螨净）、阿维菌素等。

7. 扁平蚧

【危害特点】

扁平蚧又称东方盔蚧，可危害桃、李、杏、苹果、梨、柿、葡萄、刺槐、榆、柳等多种果树和林木。以若虫、成虫危害枝叶和果实，排泄蜜露，不但影响叶片的光合作用，还引发霉菌寄生。扁平蚧发生危害严重时，可使叶片变黄脱落，甚至枝条枯死。

【发生规律】

扁平蚧 1 年发生 2 代，以 2 龄若虫在芽周围、轮痕等处越冬，越冬代若虫 2 月底 3 月上旬开始活动（平均气温 9℃时），活动盛期为 3 月下旬，然后在枝条上固定危害，4 月底 5 月初进入产卵期，卵产在雌成虫体下，平均单雌产卵 1 431 粒。第 1 代卵 5 月底开始孵化，若虫孵化 5 天后爬出蚧壳，多数爬至果面、少数在叶片及新梢上危害。6 月下旬第 1 代若虫进入膨大硬壳期，第 1 代成虫 7 月中旬产卵，平均单雌产卵 317 粒，7 月底第 2 代若虫开始孵化，8 月中旬孵化结束，出壳分散活动，吸食树体汁液，10 月上旬 2 龄若虫陆续越冬。

【防治方法】

严格检疫，杜绝虫源。发现带虫苗木、接穗，采取措施处理。果园附近，不要以刺槐、白蜡、紫穗槐等寄主林木作防护林。

避免盲目用药，保护黑缘红瓢虫、红点唇瓢虫等天敌。

化学防治，抓住两个关键时期，3 月下旬越冬代若虫出蛰活动期和 6 月初若虫出壳后尚未形成新蜡壳前，是化学防治的两个关键时期，使用敌死虫（99.1%矿物油乳油）、扑虱灵（噻嗪酮）、速扑杀（杀扑磷）、高效氯氰菊酯等防治。

8. 桑白蚧

【危害特点】

桑白蚧又称桑盾蚧，据汤祊德等（1984）报道，中国北部地区的桃、杏、樱桃上，主要是李白盾蚧。桑白蚧以若虫及雌成虫群集固着在枝条上吸食养分，小枝及主枝均可受害，一般以 2～3 年生枝上数量最多。严重时整个枝条被虫体覆盖，雌虫甚至重叠成 3～4 层，远看如同涂了一层灰白色蜡质物。枝条上被害处由于未能正常生长发育而稍凹陷，呈凹凸不平状，重者整枝枯死。

【发生规律】

桑白蚧在北京郊区 1 年发生 2 代，以受精雌虫在寄主枝干上越冬。越冬雌虫翌年 4 月下旬开始产卵，5 月上旬为产卵盛期，卵产在雌虫介壳下，单雌可产卵 25～160 粒。第 1 代若虫 5 月上旬开始孵化，孵化期较集中，开始孵化后约 1 周孵化率可达 90%，5 月中旬为孵化盛期，此时正值刺槐谢花期。若虫孵化后，自母体介壳下爬出，做短距离爬行，多在 2～5 年生枝上固定危害（活动期不超过 48 小时），5～7 天后分泌棉毛状白色蜡粉覆盖体上，1 龄期 7～8 天，在第 1 次蜕皮后开始形成介壳，2 龄期 11～12 天，雌若虫在第 2 次蜕皮后变成成虫，第 1 代雌成虫 6 月中下旬开始发生；经第 2 次蜕皮后变为前蛹，介壳为长圆筒形，白色，在枝干上的栖息部位很集中，往往密集成一片，第 1 代雄虫 6 月中旬开始羽化，通常于下午或傍晚羽化，羽化期较集中，数天内羽化率可达 50%，并在 24 小时内结束其生命而死亡；雌虫在交尾后 14～16 天开始产卵。第 2 代若虫孵化盛期为 8 月上旬，第 2 代雌成虫 9 月上旬开始发生，交尾后，受精的雌成虫继续危害，至秋末越冬。

【防治方法】

发生严重树，休眠期用硬毛刷将枝干上越冬雌成虫刷掉。

早春发芽前喷 3%～5%柴油乳剂、石硫合剂或机油乳剂等。

若虫孵化盛期是化学防治的关键时期，可选用敌死虫(99.1%矿物油乳油)、扑虱灵(噻嗪酮)、速扑杀(杀扑磷)、高效氯氰菊酯等防治。

9. 桃球坚蚧

【危害特点】

桃球坚蚧可危害桃、李、杏、苹果、梨、樱桃等多种果树，以成虫、若虫刺吸枝、叶危害，排泄蜜露，不但影响叶片的光合作用，还引发霉菌寄生。发生危害严重时，削弱树势，甚至枝条枯死。

【发生规律】

桃球坚蚧 1 年发生 1 代，以 2 龄若虫在枝条上越冬，2 月上中旬越冬代若虫开始出蛰，3 月上旬进入出蛰高峰期，随后另寻固着场所并群居在枝条上危害，固着后的若虫雌雄逐渐分化，4 月下旬至 5 月中旬进入危害盛期，5 月中旬雌成虫进入产卵期，单雌可产卵 1 000 余粒，5 月下旬第 1 代若虫孵化，并在枝条裂缝、枝条交界处群集固着危害，10 月中旬进入越冬期。

【防治方法】

避免盲目用药，保护黑缘红瓢虫等天敌。

越冬若虫出蛰盛期和第 1 代若虫孵化盛期是化学防治的关键时期，可选用敌死虫(99.1%矿物油乳油)、扑虱灵(噻嗪酮)、速扑杀(杀扑磷)、高效氯氰菊酯等防治。

10. 康氏粉蚧

【危害特点】

康氏粉蚧原产亚洲东部，亚洲有其广泛分布的天敌种类，在我国原发生不重，一般无须单独防治。近年由于果实套袋技术的普及，而康氏粉蚧属喜阴害虫，故此虫在部分果园暴发成灾。成、若虫在果袋内刺吸果实的汁液，分泌蜜露，招致霉菌发生，造成果面变黑，影响外观品质。

【发生规律】

康氏粉蚧1年发生3代，以卵在枝干粗皮裂缝及石块土缝中等隐蔽场所越冬。翌春果树发芽后，越冬卵开始孵化，第1代若虫发生盛期在5月中下旬，第2代在7月中下旬，第3代在8月中下旬，若虫发育期雌虫为35～50天，雄虫为25～37天，雌雄交尾后，雌虫爬到枝干粗皮裂缝内或果实萼洼、梗洼等处产卵。产卵时雌虫分泌大量似棉絮状蜡质卵囊，卵即产在卵囊内。单雌可产卵200～400粒。

【防治方法】

康氏粉蚧原产亚洲东部，我国有很多其天敌，避免盲目打药，保护天敌。

早春细致刮树皮及树体上的残附物，清除越冬卵；喷机油乳剂。

第1代若虫发生盛期在5月中下旬，正值套袋期，细致喷杀蚧农药，可选用敌死虫（99.1％矿物油乳油）、扑虱灵（噻嗪酮）、高效氯氰菊酯等。

11. 桃小蠹虫

【危害特点】

桃小蠹虫是引起桃树流胶枯死的毁灭性害虫。当年生桃芽受害后，来年不发芽、不能抽梢、开花、结果，多年生枝干受害则胶体累累，致使树势衰弱，甚至枯死，减产减收。

【发生规律】

桃小蠹虫 1 年发生 2 代，以不同龄幼虫在桃木的残枝上繁殖越冬，翌年 3 月中旬开始取食活动，4 月上旬幼虫老熟化蛹，蛹发生期 60 天，越冬代成虫 4 月底 5 月初羽化脱孔，盛期 5 月上中旬，末期 6 月中旬。第 1 代卵始见 5 月上中旬，发生期 60 天。幼虫发生期 5 月中下旬至 7 月中下旬，蛹期 6 月下旬至 8 月中旬，第 1 代成虫 7 月上旬至 9 月上旬羽化脱孔，第 2 代卵 7 月中旬至 9 月中旬。

成虫脱孔多在 6～17 时，占 86.7%，夜间脱孔较少。害虫脱孔数量和桃树大量流胶有密切关系。成虫飞翔力弱，每次能飞 20～30 m，羽化脱孔的成虫就在堆放残木周围危害桃树。成虫对光和糖醋液无趋性。成虫从羽化孔脱出时即性成熟，95%的雌成虫脱孔后，先寻找适宜位置，咬破树皮侵入韧皮部，构筑母蛀道初期进行交尾。交尾前，雌成虫招引雄虫在洞口外徘徊等候，当雌虫腹部退至洞口处时，雄虫即调转腹部与其交尾，交尾时间 5～30 分钟，平均 20 分钟左右，有多次交尾现象。雄虫交尾后自行离去，雌虫继续蛀道，当蛀道比其体稍长时（约 0.3 cm），便在蛀道两侧蛀椭圆形卵室，将卵产其中，1 室 1 卵，后雌虫从口中分泌白色黏液堵住卵室，如此反复边蛀坑道边产卵，每日产卵 3～6 粒，1 雌虫可产卵 30～80 粒，平均产卵 60 粒左右。雌虫产卵期 15～20 天，后即死于坑道内，母坑道多为 3.5～4 cm。幼虫孵化后，爬向母坑道两侧韧皮部蛀食，形成子坑道，初时与母坑道垂直且互相平行，后虫体加大，子坑道呈放射状拐弯向母坑道两头斜向伸展，子坑道一般长 4 cm 左右。

【防治方法】

加强综合管理，增强树体抗性，可减少发生与危害；结合修剪，彻底剪除有虫枝和衰弱枝，集中销毁。

桃木是桃小蠹虫越冬的重要寄主，利用冬闲季节，彻底清除死桃树和残枝断木，集中销毁或采用火燎、剥树皮灭虫后分类堆放。用处理过或伐后经 3 年的无虫桃木作桃树支棍。

保护利用小蠹蒲螨等天敌，提高寄生率。

成虫发生关键期 5 月和 7 月中旬至 8 月中旬进行化学防治，可选用阿克泰、阿维菌素等药剂进行防治。

12. 桃跗线螨

【危害特点】

主要危害桃果实，致使果面形成褐色锈斑、龟裂，影响桃果外观品质。以艳红品种受害重，早久保以后成熟的品种均可受害。

【发生规律】

桃跗线螨 1 年发生 6～7 代，桃树春季发芽后，桃跗线螨先上桃梢叶腋下繁殖危害，此期因湿度小，螨量小；6 月上中旬即转移到果实上繁殖危害（80％的害螨首先集中于较隐蔽且湿度较高的梗洼部位，其次在被桃叶遮蔽的果肩部位，再次是果顶凹陷处），在桃果果梗周围发现，此期湿度适宜，螨量迅速增加，6 月底至 7 月底为危害盛期；桃果膨大至采收期，当裂果上已失去良好的生育条件时，再转移到桃枝条叶腋和桃芽缝隙等处繁殖。桃跗线螨主要在果梗周围和叶片遮盖桃果的部位危害，以刺吸式口器刺入桃果表皮，吸食汁液，吐出一种毒素，使果皮坏死，轻则造成果面褐色斑点，重则斑点连片，造成裂口，严重的一个桃果有数十个裂口。害螨在桃树上传播蔓延主要靠自身爬行，其成螨较为活跃，还可借风力及人为作远距离传播。

不同品种受害程度不同，晚熟品种燕红、秋香等裂果重，中熟品种京玉、岗山白等裂果较轻，早熟品种庆丰、京红等受害最轻，仅有 2％～3％。

【防治方法】

6 月底至 7 月底为桃跗线螨防治重点期，可每隔 7～10 天果实喷药防治 1 次，可选用硫悬浮剂、0.3 波美度石硫合剂、四螨嗪

（螨死净）、哒螨灵（扫螨净）等，果实采收前 20 天停药。喷药时重点是梗洼，可从左右两侧把药喷到梗洼，使梗洼处灌满药液。

13. 桃下毛瘿螨

【危害特点】

休眠期受害芽较正常芽膨大开绽，不能正常开花展叶，鳞片卷缩、扭曲，芽外观产生畸形、肿大、鳞片干裂开张，最后变褐色枯死脱落，严重影响产量和树势。

【发生规律】

以雌成螨在桃芽内越冬，翌年当桃树开始形成新芽时，从越冬芽中向枝条顶端爬行，寻找到小新芽后即钻入其中危害、繁殖。

桃下毛瘿螨终年群集在桃芽内危害，繁殖和越冬，以口针吸食汁液，幼嫩组织被针刺后，细胞不能正常生长，产生凹凸不平的液疱组织，生长点遭到破坏则停止发育，受害组织由绿变红，后变褐色枯死。

被害芽出现症状与螨量多少有关。早期短枝芽型较小，侵入螨量 5～6 头，经 15 天左右，螨量可达近百头，此时桃芽出现畸形，1 个月左右芽即枯死；当侵入螨量仅 1～2 头时，后期桃芽被害一般不表现畸形症状，进入冬季芽内螨量可达数百至千余头，与正常芽相比稍膨大，此时枯死一大部分，另有些继续肿大，春季鳞片开裂，失水枯死脱落；有时螨芽不枯死，能维持到新桃芽形成，此时芽内螨量均达到数千，个别的甚至万余头，成为越冬后扩散传播的唯一途径。

5 月初越冬芽表面即有瘿螨活动，但尚未扩散，5～6 月份，瘿螨在越冬芽内大量繁殖，可见很多新卵。6 月中旬当年新芽开始形成，即可被瘿螨寄生，为扩散初期，至 7 月下旬越冬芽内已无瘿螨，为扩散终止期。该害螨发生世代多、历期短，6 月中下旬自然条件下，完成 1 代需 20 天左右。成螨具有转芽危害习性。第 1 次转芽在 5 月下旬新芽形成初期至 7 月下旬花芽形成初期，从越冬芽转移到新芽内危害，转芽盛期在6月上中旬；第2次转芽在8月中下旬桃花芽雌、雄蕊分离初期到冬前11月，这是当年部分桃芽被害枯死前再次转芽危害。

【防治方法】

加强接穗和苗木调运检疫，是杜绝该害螨远距离传播的有效措施。

2～3月份和桃树长出新梢后至新桃芽形成之前，清除越冬螨芽，是根除害螨最有效的措施，且方法简便易行。

在第1次转芽期进行化学防治，是控制害螨、保护新芽的有效方法之一，此阶段该螨集中转芽期长达2个月，每隔7天喷布杀螨剂，对保护当年新芽有较好效果，但费工费药，难以推广。

14. 椿象类

【危害特点】

危害桃树的椿象主要茶翅蝽、麻皮蝽两种。两种蝽象均以成虫、若虫吸食叶片、嫩梢和果实的汁液危害，同时分泌有毒的唾液，被害组织变褐，桃果被害后，被刺处流胶，果肉下陷成僵斑硬化，呈凹凸不平的疙瘩果，幼果受害严重时常造成脱落；近成熟时受害，被刺吸处果肉变空，木栓化，严重影响果品产量和品质。

【发生规律】

茶翅蝽：亦称臭木蝽象，北京地区1年发生1～2代，以成虫在空房、屋檐、树洞、石缝等处越冬。4月初越冬代成虫出蛰活动，4月下旬渐多，5月上中旬大量出蛰盛扩散。5月中旬开始产卵，卵多产于叶背，1生可产卵2～3次，卵块有卵28粒，卵期6～10天。初孵若虫喜在卵块附近群集，2龄后逐渐分散。若虫期60天，第1代成虫期平均30天。7月中旬羽化的第1代成虫能繁殖第2代，7月中旬以后羽化成虫可以产卵，但不能发生第2代成虫。9月中旬成虫开始寻找越冬场所，入蛰高峰9月下旬至10月上旬。茶翅蝽成虫活动范围较大，迁飞可达2 km。

出蛰后的茶翅蝽分散到桑、榆、柳、槐等木本植物上，桃落花后，茶翅蝽即开始迁入桃园，5 月中旬激增，至采收期一直保持较高的虫口，6 月下旬至 7 月中旬受害最重。边行受害重于中央。

初孵若虫群集于卵壳周围不分散，至 2 龄末期才分散。若虫危害特征是多个个体(3～10 头)群集于 1 个果实上危害。成虫危害特征是喜分散危害，除雌雄成对外，一般 1 果不栖 2 虫。前期受害果完全变形，受害部周围果肉停止发育并木栓化，成疙瘩果；近成熟果实受害，果实不变形，但受害部果肉失水、木栓化。

麻皮蝽：亦称黄斑蝽，北京地区 1 年发生 1 代，以成虫在屋檐、墙缝、石缝等处越冬(平原梨园，茶翅蝽和麻皮蝽越冬场所主要在室内，占越冬量的 80%～90%)，4 月初越冬代成虫出蛰活动(较茶翅蝽早活动 5～7 天)，5 月下旬开始产卵，6 月上旬为产卵盛期，卵多产于叶背面，卵块有卵 12 粒，单雌可产卵 3～5 块，卵期 9～10 天，幼虫期 40～60 天，7～8 月羽化成虫，雌雄成虫可多次交尾，有弱趋光性。成虫飞翔能力较强，多在较高处枝条和果实上栖息。麻皮蝽活动范围较大，迁飞可达 3 km。

【防治方法】

据其生物学特性，必须“联合行动，综合防治”。

在两种椿象入蛰前出蛰后在墙面爬行时，人工捕杀。

室内熏杀，3 月成虫出蛰前，用辛硫磷熏杀，按 1∶3 的比例混入锯末，点燃，使其冒烟但无明火，室内密闭熏 24 小时，药剂用量为每立方米空间 5～10 g 有效成分。

果实套双层纸袋，可免遭危害，单层纸袋基本无效。

药剂防治，5 月上旬、6 月上旬、6 月下旬喷药防治。可选用 5%高效氯氰菊酯乳油 1 500 倍液、20%灭扫利乳油 2 000 倍液喷雾防治。利用成虫假死性，在早晨露水未干时，气温低时打药，效果好。

也可进行诱杀试验，水∶蜂蜜∶菊酯类杀虫剂为 20∶20∶1

的比例制成毒饵,选边行结果较少的梨树涂抹于枝干光滑部位,每10天左右涂抹1次,直至采收。可有效毒杀椿象,减轻危害。

15.红颈天牛

【危害特点】

桃红颈天牛是桃树主要害虫之一,幼虫危害主干或主枝基部皮下等形成层和木质部浅层部分,同一部位可有多个幼虫危害,在危害部位的蛀孔外有大堆虫粪。当树干形成层被钻蛀对环后,整株树可死亡。

【发生规律】

华北地区2年发生1代,以幼虫在树干蛀道内越冬。翌年3~4月间恢复活动,在皮层下和木质部钻蛀不规则的虫道,并向蛀孔外排出大量红褐色或类似木屑类粪便碎屑,堆满孔外和树干基部地面。5~6月危害最烈,严重时树干全部被蛀空而死。幼虫老熟后,向外开一排粪孔,用分泌物黏结粪便、木屑,在虫道内做茧化蛹,6~7月成虫羽化后,咬空钻出,午间多栖息在枝干上,交配产卵。卵多产于树干和主枝基部的粗皮裂缝内或剪锯口处,幼虫孵化后,先在皮下蛀食,经过滞育越冬,第3年5~6月老熟化蛹,羽化为成虫。

桃红颈天牛成虫集中产卵于主干和主枝基部的树皮缝隙内,幼虫和蛹全部生活在树体内,老熟幼虫在蛹室化蛹,成虫羽化并发育成熟后,经羽化孔出洞,幼虫在树皮与木质部间危害量最大,是导致树体死亡的主要原因。

【防治方法】

据虫态不同,成虫采用"封、包、涂、诱",对幼虫采用"一早一晚"(4~6月中旬,8月中旬至9月中旬)进行点涂,局部熏蒸方法防治。

封闭羽化孔:6月中旬成虫出洞前,用三合土或水泥封闭羽化孔，将其闷死在洞内，防效可达 100%。

包扎树干：6 月底成虫产卵前，用 0.02 mm 厚的塑料薄膜包扎树干主要着卵部位，防着卵效果达 100%。

涂白：涂白剂配方是聚乙烯醇∶石灰∶水∶辛硫磷∶食盐为 3∶30∶120∶1∶1，其特点是黏着性强，耐雨淋，在树上能附着 3 个月不脱落。可减少产卵 23%～85.1%，减少幼虫成活 16.7%～67.1%。

捕捉诱杀成虫：6 月下旬成虫羽化期开始，上午成虫不活跃时人工捕捉。也可挂糖醋液罐诱杀，配比是糖∶酒∶醋∶水为 1∶0.5∶1.5∶16。

幼虫防治：树皮内越冬幼虫出蛰后有排出新粪习性，于 4 月中旬用毛刷将 80%敌敌畏 40 倍液或加 10%煤油点涂在排粪处，隔 7 天再涂 1 次，防效可达 92.2%～94.4%，在 8～11 年生树上试验，未见药害发生。

用斯氏线虫防治，在天牛幼虫活动期，用每毫升含 4 万条线虫等悬浮液注入虫道内，直到悬浮液流出，孔口用泥封严。

16. 桃小绿叶蝉

【危害特点】

桃小绿叶蝉又称桃一点叶蝉，以成、若虫吸食汁液，早期吸食花萼、花瓣和嫩叶的汁液，形成半透明的斑点。落花后，成、若虫集中吸食叶片，被害叶片出现失绿的白色斑点，严重时全树叶片呈苍白色，提早落叶，导致树势衰弱，影响当年结果和花芽形成。

【发生规律】

1 年发生 3 代，以成虫潜伏于落叶、杂草、石缝、树皮裂缝或果园附近的常绿树上。翌年 3 月上旬先在早期发芽的杂草上危害，待桃树现蕾萌芽时，开始向桃树迁移，4 月以后都集中到桃树上危害。全年以 7～9 月桃树上虫口密度最高，危害也最严重。从第

2 代起世代重叠严重，不易区分。9 月间发生最后 1 代成虫，桃树落叶后迁入越冬场所越冬。

【防治方法】

清园，清除桃园及其周围的落叶、杂草。

化学防治需抓谢花后的新梢展叶生长期、5 月下旬第 1 代若虫孵化盛期和 7 月下旬至 8 月上旬第 2 代若虫孵化盛期，可选用吡虫啉、阿克泰、功夫菊酯等。

17. 大青叶蝉

【危害特点】

大青叶蝉又称大绿浮尘子，以成虫、若虫刺吸玉米、麦类、豆类等农作物及蔬菜和杂草等植物的汁液，在果树上的危害，主要是成虫在秋末将卵产在幼树及苗木的枝干皮层内，产卵前先用产卵器割开皮层表皮，外观呈月牙形。严重时枝干密布虫斑，幼树大量失水，导致枝干枯死。

【发生规律】

1 年发生 3 代，以卵在枝干皮层内越冬。翌年 4 月孵化，若虫转到杂草、蔬菜等多种寄主上群集刺吸危害，5、6 月出现越冬代成虫，7、8 月出现第 1 代成虫，此时成、若虫多在玉米、豆类、花生等作物上危害，9 月后出现的 2 代成虫，继续在上述作物上危害，后转移到白菜、萝卜等秋菜上危害，10 月中旬飞到果树上产卵越冬。

【防治方法】

幼树园加强除草，果园及周围不种白菜、萝卜等秋菜，减少孳生场所。

"十一"前后，幼树树干涂白，阻止成虫产卵。

生长季节，利用杀虫灯诱杀成虫。

成虫迁到树上产卵时喷药防治，可选用辛硫磷、功夫菊酯、吡虫啉等。

18. 小青花金龟

【危害特点】

成虫食害花蕾和花，严重时，群集在花序上，将花瓣、雄蕊和雌蕊吃光，导致只开花不结果，直接影响产量。

【发生规律】

1 年发生 1 代，以成虫在土中越冬。翌年果树开花时，成虫大量出现，出土期较苹毛金龟晚。5 月中旬至 6 月上旬葱花盛开时，成虫聚集葱花上取食，6 月上旬后桃园内成虫逐渐减少。

【防治方法】

果树和大葱开花期，利用成虫假死性，早晚人工捕捉。

在露蕾期至开花前，喷药防治，可选用辛硫磷、阿维菌素、阿克泰、虫螨腈（除尽）或核桃青皮有机营养液、辣椒有机营养液等。

19. 苹毛金龟

【危害特点】

以成虫取食花蕾、花朵、嫩叶，虫量大时，1 个花丛上常聚集十余头成虫，全部吃光花蕾、花和嫩叶，严重影响产量。

【发生规律】

1 年发生 1 代，以成虫在土层 30～50 cm 深处越冬。翌年 3 月下旬成虫即出蛰，先在杨、榆、柳等树木上危害花蕾和嫩叶，待杏、桃、梨、苹果树近花蕾期，再相继危害花蕾和花，再后转至山楂等树上危害。苹毛金龟多在树冠外围的果枝上危害，桃树上 4 月上中旬危害最重。产卵期为 4 月下旬至 5 月上旬，幼虫发生盛期为 5 月底至 6 月初，9 月中旬为成虫羽化盛期。羽化后成虫不出土，在土中越冬。成虫具有假死性，无趋光性。

【防治方法】

成虫发生期，早晚树下铺塑料布，敲击树干，使成虫落地，捕杀成虫。

在露蕾期至开花前，喷药防治，可选用辛硫磷、阿维菌素、阿克泰、虫螨腈(除尽)或核桃青皮有机营养液、辣椒有机营养液等。

20. 黑绒金龟

【危害特点】

以成虫食害嫩芽、新叶、花朵,尤其嫩芽的幼叶,常群集暴食。幼树及山丘地带的果树受害重。幼虫取食土内植物的根,但危害性不大。沙土地发生轻,壤土地发生重;阴坡发生轻,阳坡发生重;灌水地发生轻,未灌水地发生重。

【发生规律】

1 年发生 1 代,以成虫在 20～30 cm 土层中越冬。越冬成虫活动期与苹毛金龟基本相同,黑绒金龟白天多潜伏,日落前后出土最多,飞往果树取食,晚 9～10 时落地,钻入 2～5 cm 深土中潜伏。成虫具有假死性和趋光性。

【防治方法】

利用杀虫灯诱杀。

在露蕾期至开花前,喷药防治,可选用辛硫磷、阿维菌素、阿克泰、虫螨腈(除尽)等。

21. 白星花金龟

【危害特点】

成虫啃食成熟或过熟的桃果实,尤喜食风味甜的果实。幼虫为腐食性,一般不危害植物。

【发生规律】

1 年发生 1 代,以幼虫在土中越冬,5 月上旬出现成虫,盛期为 6～7 月,9 月为末期。成虫具有假死性和趋化性,飞行力强。多产卵于粪堆、腐草堆中,幼虫以腐草、粪肥为食,一般不危害植物根部。

【防治方法】

使用腐熟有机肥。

利用成虫假死性,早晚树下铺塑料布,振动树体,捕杀成虫。

树上挂糖醋液或烂果，诱集成虫，集中杀死。

（二）桃树主要病害防治技术

桃主要病害有腐烂病、流胶病、根癌病、冠腐病、褐腐病、根霉软腐病、细菌性黑斑病、疮痂病、炭疽病、叶片穿孔病等。

1. 腐烂病

【危害特点】

腐烂病主要危害主干和骨干枝，也危害小枝。发病初期症状较隐蔽，树皮表面渗出胶点，初为黄白色，渐变褐至黑褐色；后病部稍肿起，湿润，呈黄褐色，树皮组织腐烂，有酒糟气味，深达木质部；后期病部干缩下陷，病健交界处裂开，表面出现灰褐色突起的点状物，即病菌繁殖体。桃树枝干表皮坚韧，繁殖体很难突破表皮外露，撕开表皮，可以看到繁殖体中心黑色，四周有白色菌丝环，状如眼球，内为葫芦状多腔的子座，产生腊肠形、无色、单细胞孢子。潮湿时涌出黄褐色丝状物，即病菌的孢子角。枝干四周树皮腐烂，上部即死亡。

【病菌】

真菌，核果黑腐皮壳，属子囊菌。

【发生规律】

病菌以菌丝、分生孢子器等在枝干病部越冬。翌年4月上中旬，病菌孢子主要随风雨传播，萌发后经伤口、叶痕和皮孔侵入。当树体健壮时，病菌侵入后潜伏，在树体衰弱或遭受冻害，造成大量的垂死、死亡组织时，潜伏病菌扩散危害。3月中旬开始活动扩展，发病盛期在4月下旬至5月。6月桃树生长转旺，抗病力增强，病斑停止扩展。严冬过后，田间出现冻害，腐烂病常随之加重；管理粗放、结果过多、树势衰弱，后期追施速效氮肥引起贪青徒长，土壤黏重、地势低洼、雨季排水不良的果园发病重。

【防治方法】

加强管理，增施有机肥，合理配合钾肥，据施肥水平和树龄树势合理疏果,使树体保持较高营养水平,并防止后期贪青徒长,提高树体抗病抗寒能力。

清洁果园,及时销毁病枝病皮,清除枯枝,防止病菌滋生侵染。

发病盛期及时检查和刮治,刮治后涂 843 康复剂、施那宁、菌毒清等。

2. 流胶病

【危害特点】

流胶病主要危害桃树树枝,造成树皮坏死、死枝死树。也危害叶片和果实。当年生小枝受害,以皮孔为中心出现疣状突起,有的渗出树胶。多年生枝发病,发生水泡状病斑,皮层坏死,直径 1～2 cm,当天气潮湿多雨时渗出胶液,胶液沿枝干下流,颜色变黄褐或黑褐;干燥条件下,胶液积累凝结成硬球,黄褐色,表面光滑发亮。严重时树皮开裂,皮层坏死,生长衰弱,叶色变黄,果小味苦,甚至枝干枯死。发病后期,病部表面长出大量梭形或近圆形小黑点(病菌子座),是与核果生理性流胶病的主要区别。

【病菌】

桃等核果类流胶病由多种原因造成,病害、虫害、冻害、霜害、雹害等造成伤口都能流胶,生长不良、树势极度衰弱也易流胶,属于生理病害;由真菌引起的流胶病其病原为贝伦格葡萄座腔菌,属子囊菌。

【发生规律】

病菌在病枯枝上越冬。孢子随风雨传播,4～5 月开始侵染,6、7 月侵染增多,经皮孔和伤口侵入,有潜伏侵染现象。8～9 月开始发病,入冬后活动中止。春季随着气温回升,潜伏病菌扩展,流胶点增多,5～6 月形成发病高峰。7 月病斑不再扩展。土壤瘠薄、管理粗放、肥水不足、结果过多和地势低洼、地下水位较高的桃园发病较重。桃树受冻后发病加重。

【防治方法】

加强管理，增施有机肥料，适时灌水、雨季注意排水，控制结果量，提高树体营养水平，增强抗病能力。枝干涂白，防止日灼。

及时防治蛀干害虫，管理中尽量减少树体创伤。

重病园，在发芽前喷施50%多菌灵100倍液加渗透剂。对枝干上少数胶点下的病皮刮除后，涂843康复剂、百菌清等杀菌剂保护伤口。

生长季节在5月中旬、6月中旬、7月上旬结合防治果实病害，喷百菌清、腈菌唑、福星、世高等杀菌剂预防。

3. 根癌病

【危害特点】

树苗或果树根部形成癌瘤，多发生于砧木和接穗嫁接接合部，也可发生侧根、支根、须根甚至枝干上。癌瘤多为球形或扁球形，小的如豆粒，大的如核桃、拳头甚至直径达数十厘米。发生初期，癌瘤表面乳白色或略带红色，表面光滑，质软，渐变为褐色至暗褐色，表面不平，状如花椰菜花球，内部组织木质化，质地坚硬。1株果苗的根部可形成一至几个瘤，1株大树根部发生癌瘤可达几十甚至上百个。癌瘤较多较大的植株生长发育缓慢，树冠矮小，叶色较淡，果实较小，树势早衰。

【病菌】

细菌，根癌农杆菌。

【发生规律】

根癌农杆菌在癌瘤皮层中越冬，或在癌瘤破裂皮层脱落时进入土壤中，能在土壤中存活多年。根癌细菌经伤口侵入，凡移植、嫁接、修剪、虫害和农事操作造成的伤口都可能成为侵入的门户。从病菌侵入到发病一般需经数周至1年以上。雨水、灌溉水和蛴螬、蝼蛄等地下害虫及线虫都能传播病原细菌。土壤条件与根癌病的发生有密切关系，偏碱的土壤对病原细菌活动有利；土质黏重、排水不良的地段发病较重；湿度大的沙壤土内发病重；重茬育苗或栽树地块发病重。

【防治方法】

选地势、土质适宜的地块育苗或栽树，不宜重茬。

果园更新，在原地上再种植果树，刨树后须将树根捡拾干净，休闲或种植禾本科作物，间隔 3 年以上。

加强检疫，苗木出圃时认真检查，发现根部有癌瘤，即将病苗销毁，不使病苗出圃；建园时不用有癌瘤的病苗。

苗木定植前，先齐根，再用 K_{84} 抗根癌菌剂蘸根，药液要超过根茎部 5 cm，蘸根后尽快栽植，避免阳光晒。此法预防效果明显。

对已患病幼树，将根部癌瘤切除或剪除，然后用 K_{84} 抗根癌菌剂涂抹伤口，也有一定效果。

4. 冠腐病

【危害特点】

幼树及大树根茎部是主要受害部位，病部皮层成褐色腐烂，与病部相对应的地上部枝干发芽迟缓、生长不良。当根茎部皮层腐烂环绕一周时，地上部死亡。

【病菌】

真菌，藻菌类。

【发生规律】

病菌在土壤中可存活多年，土壤积水或含水量处于饱和状态时，病菌可直接侵染根茎部皮层，通过伤口更易侵染。根茎部病斑上的病菌在树体发芽前就开始扩展，幼树在 1 年之内根茎部可全部染病，树体死亡；大树根茎部受侵染后需 2～3 年病斑才能扩展到整个根茎部。土壤黏重、低洼潮湿、排水不良的桃园发病重。前茬为菜田的桃园，土壤带菌量大，病害多严重。

【防治方法】

实行干盘灌溉，避免病菌随水传播及根茎附近湿度太高。

春季土壤解冻后，将根茎部土壤扒开，晾晒根茎部。将病斑刮除，涂甲霜灵、瑞度霉锰锌、杀毒矾等药剂，每7～10天涂1次，连涂2～3次。重病园可用甲霜灵等药剂灌根。雨季前将土壤回填根茎部。

做好果园排水，保证雨季果园不积水；新建园应选在地势较高、排水良好的沙壤土、壤土上。菜地建园，苗木定植前用1%硫酸铜溶液浇灌定植穴，每穴15 kg，杀灭土壤中的病菌。

5. 褐腐病

【危害特点】

在北方冬春干旱少雨地区，桃褐腐病主要危害果实。果实越接近成熟期受害越重。成熟期果实发病，果面出现圆形、浅褐色病斑，迅速蔓延到全果，病果软腐。病斑表面生出灰褐色绒球状霉丛，起初呈同心轮纹状排列，后期霉丛布满整个果面。霉丛上产生柠檬状或卵圆形、无色、单细胞孢子。病果腐烂后易脱落，有的病果僵缩，悬挂枝头经久不落。病菌可侵染新梢，产生溃疡。

【病菌】

果生链核盘菌，属子囊菌。

【发生规律】

褐腐病菌主要在树上残留的僵果、败育果、病果果柄及病枝上越冬，翌年产生分生孢子侵染，随风雨、昆虫等传播，伤口特别是虫伤，是褐腐病菌侵入果实的重要孔道。在桃树开花期不危害，6月以前，空气中孢子不多。雨季病菌增殖快，7月以后，空中孢子密度大增。桃果近成熟期感病，成熟度愈高愈感病，在最适条件下，病菌侵入后2日即发病。桃果采摘前40来天，进入侵染发病盛期。在此期间，降雨对病害流行有决定性影响，采摘前2周如无雨，将不致大量烂果，如频繁降雨，特别是接近采摘时遇雨，即使是短时降雨，即带来灾难性损失。采摘时未发病的果实，在运销期、货架期继续发病；贮运期间，病果和健果贴近，可继续传染蔓延。

【防治方法】

休眠期清除僵果病枝，生长期及时清除病果，深埋土中 30 cm 以下。

防治蛀果、舔果害虫，防止病菌经虫伤侵入。

果实套袋，套袋前喷 1 次三唑类杀菌剂，可选世高、福星、戊唑醇等药剂；解袋后 1～2 天喷 1 次甲氧基丙烯酸酯类杀菌剂，可选阿米西达、翠贝、百泰等药剂；采摘较晚的品种，解袋后 15 天可补喷 1 次。

不套袋园，在采摘前 45 天、30 天各喷 1 次三唑类杀菌剂，采摘前喷 1 次甲氧基丙烯酸酯类杀菌剂。

6. 根霉软腐病

【危害特点】

根霉软腐病多发生在成熟期桃果，发病初期果面产生浅褐色、水渍状近圆形病斑，病部很快长出白色棉毛状霉，6～7 小时后变为黑色霉。病斑扩展极快，1 天可扩至半个果面，2～3 天整果腐烂。病组织极软（农民称为水烂），极易脱落。在采摘期和贮运期大肆蔓延，严重地块病果率达到 40%～50%。

【病菌】

根霉软腐病菌，属接合菌，毛霉目。

【发生规律】

病菌广泛存在于空气、土壤内或附在各种工具上，能在多种基物上腐生，大量产孢，随气流传播，经各种伤口侵染成熟期和贮藏期果实。虫伤、裂伤、碰伤和发生"软沟"（钙营养失调症）的病伤果发病多。在 20～30℃均可能发生侵染，孢子萌发和菌丝生长最适温度 23～28℃。病变发展很快，一两天烂掉整个果，病果布满黑霉，极湿软，落地像一摊稀泥。

【防治方法】

防止产生机械伤，单果包装，低温贮运。

药剂防治，套袋园，在解袋后1～2天；不套袋园，在采摘前10天，喷施甲氧基丙烯酸酯杀菌剂防治桃褐腐病，可兼治此病，不必另行单独喷药。

7. 细菌性黑斑病

【危害特点】

桃细菌性黑斑病危害叶、果实和枝梢，是著名的植物细菌病害，按其发生部位曾使用细菌性穿孔病、细菌性黑斑病、细菌性溃疡病等几个名称，在平谷区，危害果实的症状最引人注目。幼果被害果面产生小米粒大的水渍状浓绿斑，随着病斑扩大，病斑中心坏死、形成深褐色至黑色斑点，后期病斑开裂、裂口深达果肉。叶片被害，先出现水渍状小斑点，后变成不规则形黑斑，病斑易穿孔，病叶易脱落。枝条被害，形成春季溃疡斑和夏季溃疡斑。溃疡斑黑色，长2～3 cm。

【病菌】

细菌，野油菜黄单胞菌桃李致病型。

【发生规律】

病菌在枝梢叶痕越冬，翌年侵害皮层，5月上旬形成春季溃疡，溢出菌脓，靠风雨传播侵染，喷布无效农药也可传播，有时昆虫也可传播，经皮孔、气孔、伤口可侵入；远距离传播依靠接穗、苗木。6月中旬初见桃幼果发生水渍状斑点，7月中旬果、叶大量发病，7月下旬，发病达高潮，病果果面形成黑斑，黑斑中心星裂。病果不腐烂，发病严重的果实龟裂，裂口深入果肉。8月中旬大量落叶，病果症状进一步加剧。

落花后到幼果期频繁降雨、阴雨连绵的年份发病重。

【防治方法】

休眠期喷施杀菌剂，抑制越冬病菌活动。桃树发芽前喷1次铜制剂，可选用氢氧化铜、喹啉铜等。

套袋园，从落花后花萼脱落前开始喷施，选用有机铜制剂喹啉铜和噻菌铜或锌铜石灰液，每隔 10～15 天喷施一次，套袋园喷到套袋前，喷施 3～4 次，不套袋园喷施 5～6 次。

8. 疮痂病

【危害特点】

主要危害果实，也危害新梢和叶片。果实发病多发生在肩部，起初果面出现暗绿色圆形斑点，斑点逐渐扩大，至果实近成熟期，形成紫黑或黑色病斑。病斑近圆形，略凹陷，直径 2～3 mm。病变只限于果实表层，不深入果肉。发病严重时，果面病斑密布，果面龟裂，病果外观质量严重下降。果梗受害的果实常提早脱落，病害新梢发生长圆形斑，起初浅褐色，后转暗褐色，稍隆起，常流胶，病健部界线清晰，病变也只限于表层。来年春季，病斑上产生暗褐色小绒点状霉丛。绒点状霉丛上产生椭圆形或瓜子形、浅橄榄色、单细胞孢子。

桃叶被害，叶片背面出现灰绿色不规则形斑，后转褐色或紫红色，病斑组织干枯形成穿孔。叶上病斑较小，不超过 6 mm。叶片中脉发生长条形暗褐色斑。病叶常提早脱落。

【病菌】

真菌，嗜果枝孢，属半知菌。

【发生规律】

病菌以菌丝体在枝条病斑组织中越冬，次春 4 月下旬即可产生分生孢子，作为初侵染源，随风雨传播。病菌侵入果实后经过 40～70 天出现症状。田间果实从 6 月下旬开始发病，发病盛期在 7～8 月。春季及初夏降雨情况和桃疮痂病的发生关系密切，此期降雨多、湿度大的年份发病重；地势低洼，郁蔽的果园发病较多；早熟品种一般发病较轻，中晚熟品种较重。

【防治方法】

休眠期剪除病枝，清除侵染源；桃树发芽前喷施 5 波美度石硫合剂等，铲除枝梢上的越冬病菌。

果实套袋,从花萼脱落、露出幼果时开始喷施杀菌剂,以后每隔 10～15 天喷施一次,套袋园喷到套袋前;不套袋园喷到 7 月中下旬至 8 月上旬。不同成熟期的品种喷药次数有所不同。可选用喹啉铜悬浮剂(必绿 2 号)、硫干悬剂(成标)、代森锰锌可湿性粉剂(大生、必得利)以及世高、福星三唑类杀菌剂。

9. 炭疽病

【危害特点】

病菌可侵染果实、叶片、枝梢。果实生长中后期特别是接近成熟期发病,初现淡褐色水渍状斑,后扩大呈圆形或近圆形红褐色凹陷斑,病斑中心部位产生黑色小点(病菌的分生孢子盘)呈轮状排列,黑点溢出粉红色黏液,内含大量分生孢子,后病果多软腐脱落,油桃和晚熟黄桃发病多。新梢受侵染,出现褐色略凹陷的长椭圆形病斑,病梢多向一侧弯曲,病梢上叶片萎蔫下垂纵卷成筒状,重病梢常枯死。桃叶片上的病斑呈圆形或半圆形,红褐色至褐色,边缘清楚,病叶早落。

【病菌】

胶孢炭疽菌,属半知菌,黑盘孢目。

【发生规律】

病菌以菌丝体在病梢及树上的病僵果上越冬。翌年 4 月下旬产生分生孢子,通过风雨、昆虫传播,侵染新梢、果实。从幼果期开始侵染果实,具潜伏侵染特点,到果实近成熟期扩展致病。在平谷区,NJN76 号油桃重病园,树膛内病枯小枝很多,桃采摘前半个月左右病害暴发,果面发生许多炭疽病斑,病果易脱落。采摘时未发病的果实,采摘后二三天继续发病。

【防治方法】

结合冬季修剪,剪除枯死病枝及病僵果,集中销毁。

发芽前喷 1 次铜制剂,可选用氢氧化铜、喹啉铜等。

果实套袋,首次喷药在小桃果脱裤后,以后每 10～14 天喷 1

次，套袋果喷到套袋前；不套袋果喷到采前 15 天。可选用翠贝、百泰、世高、福星、戊唑醇、大生、百菌清等药剂。

10. 叶片穿孔病

【危害特点】

穿孔病主要包括细菌性穿孔病和霉斑穿孔病、褐斑穿孔病等几种病害，都能引起叶片穿孔，造成提早落叶。

细菌性穿孔病：危害叶、果实、新梢。叶面发生水渍状斑点，渐扩大成为紫褐色至黑褐色圆形或不规则形病斑，直径 2～4 mm，四周成为水渍状并有黄绿色晕圈，以后病组织干枯脱落形成穿孔。病斑多沿叶脉或叶缘发生，病叶多早期脱落。枝梢溃疡斑有两种情形，即产生春季溃疡和夏季溃疡两种病斑。春季溃疡发生在上年夏季抽生的枝条上，病菌已于上年侵入，在下年春季形成暗褐色疱疹，直径约 2 mm，逐渐扩大，严重时造成梢枯。开花前后，病斑表面破裂溢脓。夏季溃疡发生在当年抽生的新梢上，夏初形成水渍状暗紫色病斑，以后变褐色至紫褐色，稍凹陷。危害果实造成细菌性黑斑病（见前面的“7. 细菌性黑斑病”）。

霉斑穿孔病：危害叶、枝梢、花芽和果实。叶上病斑圆形或不规则形，直径 5～10 mm，起初黄绿色，后期褐色，边缘紫色，最终穿孔。幼叶被害时大多焦枯，不形成穿孔。天气潮湿时，病斑背面出现污白色霉。枝梢发病以芽为中心形成长椭圆形病斑，边缘褐色，并发生裂纹和流胶。果实病斑起初紫色，后变褐色，边缘红色，渐凹陷。

褐斑穿孔病：危害叶、新梢和果实。叶片两面发生圆形或近圆形斑，直径 1～5 mm，边缘清晰，略现环纹，四周紫红色或红褐色。后期，偶尔可在病斑两面见有灰褐色霉，病斑组织干枯脱落形成穿孔。新梢及果实病斑和叶斑特征相似，都可出现灰褐色霉。

【病菌】

细菌性穿孔病病原是野油菜黄单胞菌桃李致病型，霉斑穿孔病病原是核果尾孢，褐斑穿孔病病原是嗜果刀孢，后两种病原菌都是真菌，属半知菌。

【发生规律】

细菌性穿孔病：病原菌侵入夏季长成的新梢后潜伏到越冬，翌年春季活动扩展，形成病斑，在开花期前后溢出菌脓，随风雨、昆虫传播，经气孔、皮孔侵害叶片、新梢和果实。叶从5月开始发病，夏季干旱时病情发展缓慢，秋季多雨时又继续侵染。温暖、降雨频繁、多雾的天气适于此病发展。树势弱、积水、通风不良和偏施氮肥果园发病重。品种间感病程度有差异。

霉斑穿孔病：病原菌以菌丝和分生孢子在被害枝梢或芽内越冬，翌年春季产生孢子，随风雨传播侵染。先侵染幼叶，产生新孢子后，再侵染枝梢和果实，低温多雨的天气适于此病发生。

褐斑穿孔病：病原菌以菌丝体在病叶和枝梢病组织中越冬，翌年春季产生孢子，侵染叶、新梢和果实。

【防治方法】

加强果园管理，清除枯枝、落叶、落果等，集中销毁。增施有机肥，避免偏施氮肥，合理修剪，及时排水，使桃树生长健壮，提高抗病力，并增进果园通风透光。

发芽前喷施3～5波美度石硫合剂或发芽前喷1次铜制剂，可选用氢氧化铜、波尔多液、喹啉铜等；生长季节发病前，喷施喹啉铜、噻菌铜、锌铜石灰液、代森锌等。

新建园注意选用抗病性强的品种。

第九讲　自己动手制作生产资料

导读：本讲介绍桃苗培育、腐熟有机肥堆制、营养液制作、石硫合剂熬制、锌铜石灰液配制、糖醋液配制等，目的就是要获得优质可靠的生产资料，降低成本。

桃生产过程涉及的生产资料有许多种，如苗木、肥料、农药等等。有些生产资料可以从市场买到，有些生产资料则需要或应该自己生产、加工、制作。比如桃苗虽然能从市场买到，但市场上的桃苗在品种纯度、苗木质量、生命力等方面没有保证，同时买苗也不好与栽树活茬衔接，因此需要也应该自己培育桃苗；有机肥用量大，购买商品有机肥成本高，桃园里的一些残次果、剪掉的树枝，如及时收集起来制作优质有机肥料，不但可以降低成本，还可减轻病虫害的发生和危害。

生产资料自己生产、加工、制作的目的，就是要获得优质可靠的生产资料，降低成本，减少消耗，改善环境，提高总体效益。

一、桃苗培育

桃苗培育要根据发展的规模、进程和更新计划来进行，以免造成苗木严重短缺或过剩。

1. 育苗地的选择与整地

(1)育苗地的选择：育苗地最好选择平坦而不积水、排灌方便、前茬为粮食作物的壤土或沙壤土。在这样的地块育苗，管理方便，苗木生长较整齐，病虫害较少，苗木质量高。

(2)整地：冬前耕地平地，初春做畦、施有机肥、浇水，待播种。

2. 育苗

(1)上年 10 月准备毛桃种子，先用水选法除去空秕种子，用井水浸泡 1 周后沙藏。

(2)3 月中下旬至 4 月上旬播种。具体办法是：①整地、做畦、浇水，先平地，做 1.5 m 宽畦，后浇水。②清理、分选沙藏种子，已裂口发芽的先播种，没有裂口的于房前盖膜保湿增温催芽，裂口发芽后再播种。③播种，每畦播种 4 行，采取人工点播法，种间距 10～15 cm，播后覆盖 3～4 cm 厚土，轻镇压。

(3)苗期管理：①出苗后，苗高达 5 cm 左右时，间苗补苗。②5 月下旬、6 月中下旬追磷酸二氨适量，浇水。③5 月下旬、6 月下旬、7 月下旬除草，人工除去 20 cm 以下的副梢，以便嫁接。

(4)嫁接(8 月初至 8 月中旬)：①接穗采集、保存，8 月初开始，从 5～10 年生健壮无病虫树上采接穗，摘掉叶片，每 50 条一捆，用湿麻袋裹好，放于阴凉处，于 2 天内接完。②嫁接，采用 T 字形芽接方法，用薄膜条绑扎。要求快、准、严、紧，即操作要快、刀锋要快，切口、取芽、对位要准，缠裹要严(但要露芽)，绑扎要紧。

(5)不同用法的嫁接苗管理

普通成苗：第二年春，桃苗临近发芽时，从接芽上 1 cm 处平茬。以后重点是做好病虫防治、锄草。落叶后至次年春即可出圃。

整形大苗：普通成苗出圃时，可按 30～50 cm 株距、100～120 cm 行距预留一些苗，按将来计划干高进行定干，培养整形大苗。

二、腐熟有机肥堆制

通过微生物发酵，把畜禽粪便、植物残体等堆制成优质高效的腐熟有机肥，扩展了肥源，提高了效果，降低了成本，净化了环境。

施用发酵腐熟有机肥与施用生畜禽粪相比有很多好处：①肥效高、肥效快。发酵腐熟有机肥比生畜禽粪肥效高 40%～60%，同时发酵腐熟有机肥速效性养分含量高，能及时供应桃树所需营养；而生畜禽粪施入桃园后，来年在土壤里发酵，在高温高湿的7、8月份发挥肥效，造成桃树徒长。②提高土壤养分利用率。发酵腐熟有机肥每克含有益菌1亿个以上，有益微生物的增殖，可以加快土壤中迟效性、难溶性矿质营养的分解释放，提高土壤养分利用率。③避免烧根。生畜禽粪施入后在土壤中发酵，释放热量和氨气等有害物质，易造成烧根；而发酵腐熟有机肥已经完成了发酵，从而避免了烧根。④减轻土壤中病虫的发生和危害。生畜禽粪中含有大量病菌和虫卵（如金龟子的卵），污染土壤；而经过高温发酵腐熟后可以杀灭病菌和虫卵，避免污染土壤。⑤增加腐殖质，促进土壤团粒结构的形成。⑥降解土壤中的农药残留。

那么，如何堆制腐熟有机肥呢？

1.原料与配比

生畜禽粪便1 000 kg、有机物料1 000 kg（锯末、粉碎的果枝、秸秆、杂草等）、南国春牌微生物菌剂1 kg、黄土或麦饭石（麦饭石改良土壤的效果最佳）100 kg和水。气温在5℃以上均可发酵腐熟有机肥，8～9月是最佳制作发酵腐熟有机肥时期。

2.堆制方法

（1）制作菌土：用南国春牌微生物菌剂1 kg与黄土或麦饭石100 kg混合均匀，制作成菌土。

（2）堆制方法：选不积水空地，底层用有机物料铺20 cm厚（将有机物料铡成5～10 cm），撒适量的菌土，再铺一层20 cm厚的生畜禽粪（生畜禽粪含水量在70%左右），这样一层有机物料，一层菌土，一层生畜禽粪，堆成2～3 m宽，1～2 m高的长堆。堆制时不需要踩实，然后用秸秆和杂草等有机物遮盖，下雨时用塑料布盖严。堆肥里的温度达到60～75℃时保持3～5天倒堆，倒堆后温度达50～60℃时再倒堆，倒堆2～3次。发酵好的有机肥松散、没有臭味。

三、桃果(主要原料)营养液的制作

通过微生物发酵制作的桃果营养液，营养全面、活性高，叶面喷施容易吸收，有提高叶片光合效率和果实品质的作用，其使用效果不低于或高于一般叶面肥，其成本明显低于一般叶面肥，同时变废为宝，净化了果园环境，减轻病虫害的发生。

1. 原料与配比

残次桃果(落果、雹伤果、虫果等，果实成熟度在七成以上较好)100 kg、红糖 1 kg、绿洲酵素菌 4 号 1 kg、麦麸 2～3 kg、水适量(3 kg，水温 40℃)。容器为洁净的塑料桶或大缸(禁止使用药桶)。

2. 制作方法

(1)配制菌糠：将 1 kg 绿洲酵素菌 4 号与 1 kg 红糖均匀混合后，加入适量的水(3 kg)搅匀配制成菌糖液；再把菌糖液与麦麸混合(湿度掌握在手握成团一摇即散)即为菌糠，然后将菌糠装入塑编袋内放在阴凉处发酵 12～24 小时待用。

(2)将果实拍裂(粉碎果不利于出汁和过滤)，放入塑料桶内，厚度 20 cm，在其上面撒一层适量的菌糠。这样一层拍裂的果实一层菌糠，直到离桶口 20 cm 时，撒一层较厚的菌糠(以看不见果实为标准)，然后用纱布封上桶口(用绳绑紧)，以便透气。存放阴凉处(用草帘遮阴)，防雨水漏进，定期检查。温度为 25℃条件下，发酵期为 20～30 天，以具有酸、甜、香味为发酵成功。

桃果营养液应放在阴凉处保存，如表面有黑霉菌要及时捞出，再加适量的红糖以防变质。贮存一年以上的原液在使用时每 100 kg 应再加 0.3 kg 绿洲酵素菌 4 号。

3. 使用方法

(1)地面沟施或穴施：桃果营养液用水稀释 10～20 倍，放射状沟施，每株每次使用营养液 2.5 kg，每 10 天一次，连用 2～3 次。

(2)叶面喷施:桃果营养液使用浓度为 300 倍液。喷布时间以上午 9 时以前或下午 4 时以后为宜,如喷后 6 小时内下雨需要补喷。

四、核桃青皮有机营养液的制作

1. 原料与配比

核桃青皮 10 kg(采收核桃时,收集脱掉的青皮,尽量不失水)、红糖 10 kg 、绿洲酵素菌 4 号 200 g、豆浆 10 kg、麦麸 3 kg。容器为水缸。

2. 制作方法

(1)红糖、绿洲酵素菌 4 号、麦麸、豆浆按比例搅拌后成为菌糠待用。

(2)层积浸提:去掉核桃青皮杂质,然后一层核桃青皮一层菌糠反复码于缸内,上面用编织袋盖好,15～20 天就可以将核桃青皮汁渗透出来,过滤出的液体即为原液。

3. 用途

叶面喷施,补充营养、防治金龟子类害虫,使用浓度为 300～500 倍液(水温要在 25℃左右),间隔 5～7 天喷一次。喷施的时间为上午 10 时以前或下午 3 时以后。

五、辣椒有机营养液的制作

1. 原料与配比

成熟的鲜辣椒(选用辣味较强的品种)10 kg、红糖 10 kg、绿洲酵素菌 4 号 200 g、豆浆 15 kg、麦麸 3 kg。容器为水缸。

2. 配制方法

(1)红糖、绿洲酵素菌 4 号、麦麸、豆浆按比例混合搅拌后成为菌糠待用。

(2)去掉鲜辣椒杂质,切成 3～5 cm 长的段,然后一层鲜辣椒一层菌糠反复码放缸内，上面撒 1 cm 厚的菌糠，用编织袋封口绑紧，发酵 25～30 天后过滤出的液体即为原液，装罐放入冷凉处保存。

3. 用途

树上喷施防治金龟子，也可做叶面肥使用，使用浓度为 300～500 倍液（水温要在 25℃左右）。上午 10 时以前或下午 3 时以后，喷施防治金龟子效果好。

六、石硫合剂的熬制

石硫合剂是一种矿物性农药，对于螨类、介壳虫、锈病、白粉病防治效果很好，同时还很少产生抗药性。

1. 原料和配比

生石灰 1.5 份、硫磺粉 2 份、水 15 份。

2. 熬制方法

按比例把足量的水放入铁锅中，加火把水烧到接近沸腾时，把事先用少量水调成糊状的硫磺浆徐徐倒入水中，然后加入石灰块，边加边搅拌，大火煮至 50 分钟左右，药液熬成红褐色，锅底的石灰渣呈现黄绿色时即成。冷却后滤去渣子，便是红褐色透明的石硫合剂原液。一般熬制石硫合剂的浓度多在 24 波美度（符号为°Be，常用度表示）左右。

$$稀释加水量公式：1\ kg\ 原液加水量=\frac{原液浓度}{使用浓度}-1$$

例：原液 24 度，欲配制成 3 度液，1 kg 原液应加水 7 kg（24÷3－1＝7）；原液 24 度，欲配制成 0.3 度液，1 kg 原液应加水 79 kg（24÷0.3－1＝79）。

注意：石硫合剂对金属器具腐蚀性强，存放时不能使用金属器具；稀释药液应现配现用；石硫合剂呈强碱性，不能与其他农药混用；贮存时放入适量植物油隔绝空气，以防氧化。

七、锌铜石灰液的配制

锌铜石灰液用于防治细菌性穿孔病、果实细菌性黑斑病有很好的效果。

1. 原料与配比

硫酸锌 0.8 kg、硫酸铜 0.2 kg、生石灰 4 kg、水 300 kg。

2. 配制方法

(1)硫酸铜和硫酸锌混合在一起，用热水化开；生石灰用少量凉水化开稀释。

(2)用余下的水稀释锌铜液。把锌铜液倒入石灰水中，边倒边搅拌，即成锌铜石灰液。注意一定不要把石灰水倒入锌铜液中。

注意：不能随意加大硫酸铜的用量，否则会造成药害；配制时不能使用金属容器，可以使用水泥池、塑料桶、缸；药液要随配随用。

八、糖醋液的配制

糖醋液是用来诱杀蛾类、金龟子、天牛等害虫的引诱物，对环境没有副作用。

1. 原料与配比

红糖 1 份、高度二锅头酒 1 份、醋 4 份、水 16 份。

2. 配制方法

用热水把红糖化开，再加醋、酒、水，搅拌均匀即成。

3. 使用方法

用塑料的大可乐桶、醋桶、酒桶，在桶高 1/2 以上处对开 2 个 8～10 cm 见方的窗，窗的上边与桶相连，上翻成开窗状，以防雨水进入。倒入糖醋液，悬挂于 1.5 m 左右高的枝上，诱杀害虫。

注意：及时捞虫，及时补充醋、酒、水，定期更换糖醋液。

附：性诱剂的使用

性诱剂是用来引诱雄性成虫的人工合成物质，一般都制成瓶塞状的性诱芯，具有种类专一性，常用在害虫的调查预测上。

(1)制作诱杀器：用上口直径20 cm以上、深10～15 cm的盆，距盆口下1.5 cm处钻2～3个排水孔(防止水过多浸泡诱芯)，在盆口上方15 cm处做一遮光防雨伞状物(盖过整盆)。把性诱芯穿在铁丝上，横在盆口与盆沿平，盆中加入水和少量洗衣粉。

(2)诱杀器的使用：诱杀器悬挂于1.5 m左右高的枝上，诱杀害虫，要及时补水和捞虫。性诱芯最佳有效期为1个月，需及时更换。备用诱芯要放在冰箱冷藏室内密封保存。

性诱剂和糖醋液在半径8 m内诱虫效果最好，实际应用时应据此来设置。

第十讲　名词术语解释

导读：本讲介绍与桃树栽培有关的树体、植物学名词、修剪方法、土壤、树势判断、昆虫与病理38个条目，以便学习交流应用。

为了统一说法，便于学习、交流和应用，现将有关专业名词术语及解释集述如下。

一、树体部分

(1)根茎：果树根与茎交界的部分，生产上一般指果树地上部与地下部交接处。根茎是地上部与地下部物质交流的枢纽。根茎春季活动最早，秋后休眠最晚，容易发生冻害。

(2)干：桃树地面以上至第一主枝着生处之间的部分。

(3)主枝：直接着生在干上的大枝。

(4)枝组：着生在主枝上带分枝的结果单位。

(5)结果枝：着生花芽或结果的枝条。

徒长性果枝：长60 cm以上，先端有少量副梢，有花芽，但质量较差。

长果枝：长30～60 cm，花芽多质量好。

中果枝：长15～30 cm，花芽质量好。

短果枝：长5～15 cm，花芽多，但复花芽少。

花束状果枝：长度多在5 cm以下，只有顶芽是叶芽，其余全是花芽。短果枝和花束状果枝，结果后发枝能力差，易衰亡。

(6)生长枝：分为发育枝、徒长枝、叶丛枝。

发育枝：生长强旺，长度60 cm以上，粗度1.5～2.5 cm，其上多为叶芽，有大量副梢，副梢有花芽，幼树期和初果期可利用副梢果枝结果。发育枝的功能主要是扩展树冠形成骨架。

徒长枝：主枝或枝组背上发出的粗度 1.5～2 cm，长 80 cm 以上的直立枝子，节间长、组织不充实，有大量副梢，一般只在树冠空缺部位培养枝组或更新骨干枝时利用。

叶丛枝：只有一个顶生叶芽的极短枝，长 1 cm 左右，发枝力弱。当营养条件、光照好转时，叶丛枝可发出壮枝，用于更新。

(7)背上枝(或芽)：着生在枝上面的枝(或芽)。背上枝(或芽)在生长上具有明显的优势。

(8)梢(或新梢)：当年长出的带有叶子的枝。

(9)副梢：由梢上长出的梢。由上年的芽发出的梢为主梢；由主梢上直接发出的梢为一次副梢，由一次副梢发出的梢为二次副梢，依此类推。

(10)主枝角度：主枝与干的假想延长线的夹角。

(11)几年生：新栽幼树(或新梢)自然落叶后为一年生，第二次发芽后为二年生，第三次发芽后为三年生，依此类推。

(12)延长头：主枝先端用于扩大树冠的新梢或一年生枝。

(13)叶幕：叶片在树冠上的集中分布区。

二、植物学名词

(14)顶端优势：植物顶芽和上部芽的生长抑制侧芽萌发、生长和影响侧枝生长角度的现象。生产上一般指枝条顶端的芽发的梢较长，往下依次减弱的现象。修剪上、留果时常利用顶端优势。

(15)芽的异质性：在芽子的形成过程中，由于它在枝条上、空间上的位置及其所处的环境不同，造成同一枝条上的芽子在形态上和质量上有明显的差别。修剪上、疏花疏果时常利用芽的异质性。

(16)萌芽力：枝条上芽子萌发并能抽生枝叶的能力，以萌发芽的数量占总芽数的百分率表示。桃属于高萌芽力树种。

(17)成枝力:一年生枝上的芽子萌发后发出长枝的能力。桃属于高成枝力树种。

(18)尖削度:枝子从基部到顶部依次变细的梯度。尖削度大的枝承载力大,尖削度小的枝承载力小。尖削度与品种、修剪方法、枝量布局、结果情况有关。

(19)营养生长:枝、梢、叶的生长。

(20)生殖生长:花芽形成、开花、果实生长。

(21)物候期:在果树年周期中,随季节气候变化而相应地出现果树各器官顺序而有节律的变化,如发芽期、开花期、落叶期、生长期、休眠期等,这种随气候变化而相应出现器官生长发育动态称之为果树生物学气候时期,简称为物候期。

三、修剪方法

(22)修剪反应:采取某一(些)修剪方法后,果树局部或整体生长发育、成花、结果的情况。修剪反应是判断修剪方法是否得当的依据,一般从两个方面看修剪反应:一看局部反应,观察具体修剪方法,对局部发枝、成花、坐果、果实质量及根系生长情况;二看全树的反应,看全树新梢长势、生长总量、枝梢充实度。通过看历年的修剪反应,为以后采取得当的修剪方法提供依据。

(23)短截:对一年生枝剪截。短截对剪口芽刺激大,往后依次减弱;短截有增加枝条尖削度、牢固骨架的作用。

(24)长(甩)放:对一年生枝不剪截。长放能缓和长势,增大总体生长量,有利于成花和结果。

(25)疏枝:把一年生枝从基部剪掉。疏枝对局部起到抑前促后的作用,对全树起到削弱的作用。

(26)回缩:从多年生部位把枝去掉一段。回缩能促使后部发枝,复壮后部,常用于枝头和枝组的更新。

(27)摘心:摘去新梢先端幼嫩部分,新梢速长期摘心,能促发更多分枝;秋季新梢摘心,有利于花芽形成和新梢充实。

(28)拿枝:生长季把半木质化至木质化的新梢一段一段地用手捏握弯曲,能听到响而不折,使新梢斜向一方。常用于培养枝组。

四、土壤部分

(29)土壤肥力:土壤为桃树根系提供水、肥、气、热、扎根条件的能力。

(30)土壤质地:由于构成土壤的各级粒子的比例不同,土壤的性质有着明显的差别,依此把土壤划分为沙土、沙壤土、轻壤土、中壤土、重壤土、黏土。桃最适宜沙壤土、轻壤土。

(31)土壤水分:分为重力水、毛管水、束缚水三种状态。

重力水:浇水或下雨后,土壤空隙间尚未下渗或排出的水,它挤占了空气的空间,对桃树根系来说是多余、有害的。

毛管水:浇水或下雨后,重力水已经消失,存在于土壤毛管中的水,对桃树根系来说是必要的、有效的。

束缚水:被吸附于土壤微粒上的不能被根系吸收的水,是必然的、无效的。

(32)土壤缓冲能力:土壤保持土壤水、肥、气、热状态稳定的能力。增施发酵腐熟有机肥是提高土壤缓冲能力的有效办法。

(33)颉颃作用:土壤中一种养分离子影响根系对另一种养分离子吸收的现象。如 NH_4^+、K^+ 有抑制根系吸收 Ca^{2+} 的作用。

五、盛果期适宜树势的判断

(34)树势:是个综合性问题,涉及品种、树龄、土壤和土肥水管理、整形修剪、花果管理等方面,因此放在这来叙述。

桃树进入盛果期后,栽培的中心是维持尽可能长的优质丰产状态,其关键就是维持适宜的树势。以往对树势的评价以中庸为好,中庸是个玄妙而含糊的说法,很难掌握。

生产实践表明,进入盛果期后不同品种、不同树龄、不同土壤、不同管理水平,表现出不同的适宜树势。

那么,什么是盛果期适宜的树势呢?可以这样理解:盛果期适宜的树势就是某一品种、某一年龄阶段,在一定的土壤和管理水平下,既能结出相当量的正常(没有或极少裂核、软果等生理病害)的优质果实,又能长出足量的该品种适宜结果的果枝,同时这些果枝的分布相对均匀。

盛果期适宜的树势培养,需要从品种、树龄、土壤和土肥水管理、整形修剪、花果管理全面考虑、综合协调,任何单一的措施都不会取得很好的效果。

六、昆虫与病理

(35)性诱剂:用来诱集同种异性昆虫成虫的人工合成物质,生产上现在多是用来诱集雄性成虫的,一般都制成瓶塞状的性诱芯,常用在害虫发生动态的预测预报上。

(36)趋性:昆虫受到外界物理或化学因素刺激时,朝一定方向运动的反应。如根据害虫的趋光性,安装杀虫灯诱集杀死害虫;根据害虫的趋化性,园内挂糖醋液桶诱杀害虫;根据害虫的趋黄反应,园内布置粘虫板(或粘虫胶带)诱杀害虫。

(37)侵染期:病原物传播到寄主上,与寄主建立寄生关系。侵染期是药剂防治的关键时期。

(38)潜伏侵染与潜伏期:病原物传播到寄主上,与寄主建立寄生关系后,需经一段时期,寄主才表现出症状,所经一段时期为潜伏期,这种侵染为潜伏侵染。